MikroComputer–Praxis

Die Teubner Buch- und Diskettenreihe für
Schule, Ausbildung, Beruf, Freizeit, Hobby

Fortsetzung auf der 3. Umschlagseite

MikroComputer–Praxis

Herausgegeben von
Dr. L. H. Klingen, Bonn, Prof. Dr. K. Menzel, Schwäbisch Gmünd
und Prof. Dr. W. Stucky, Karlsruhe

Problemlösen mit micro-PROLOG

Eine Einführung mit ausgewählten Beispielen aus der künstlichen Intelligenz

Von Prof. Dr. Gerhard Holland, Gießen

B. G. Teubner Stuttgart 1986

CIP-Kurztitelaufnahme der Deutschen Bibliothek

Holland, Gerhard:
Problemlösen mit micro-PROLOG : e. Einf. mit
ausgew. Beispielen aus d. künstl. Intelligenz /
von Gerhard Holland. – Stuttgart : Teubner, 1986.
 (MikroComputer-Praxis)

ISBN 978-3-519-02542-9   ISBN 978-3-322-96686-5 (eBook)
DOI 10.1007/978-3-322-96686-5

Gesamtherstellung: Beltz Offsetdruck, Hemsbach/Bergstraße
Umschlaggestaltung: M. Koch, Reutlingen

Vorwort

PROLOG wurde in den siebziger Jahren an den Universitäten
Marseille und Edinburgh für Problembereiche der künstlichen
Intelligenz (KI) entwickelt. Seitdem sich die Japaner für PROLOG
als Sprache der 5.Computergeneration entschieden haben, setzt es
sich vor allem in Europa gegenüber LISP, der klassischen Sprache
der KI, immer mehr durch. Im Gegensatz zu imperativen Sprachen
wie BASIC und PASCAL und funktionalen Sprachen wie LISP und LOGO
ist PROLOG eine deklarative Sprache, die sich am Konzept des
"logischen Programmierens" orientiert. Man beschreibt nicht den
zum Ziel führenden Weg, sondern die Eigenschaften des
erwünschten Endproduktes. Aus diesem Grund sind PROLOG-Programme
häufig einfacher, kürzer und besser lesbar als entsprechende
Programme in LISP oder LOGO.

Die **Zielsetzung** des Buches ist eine doppelte. Einerseits
soll es den Leser mit den Sprachelementen und den speziellen
Programmiertechniken mit PROLOG vertraut machen (Kap.1 und 2),
andererseits soll es in grundlegende Begriffe und Verfahren
einiger traditioneller Bereiche der KI einführen und den Leser
ermutigen, möglichst selbständig Problemlösungen mit PROLOG zu
finden (Kap.3 bis 6). Als Themenbereiche aus der KI wurden
gewählt:
(1) Parser und Generatoren für formale und natürliche Sprachen.
(2) Vorwärts-verkettende Produktionssysteme und ihre Anwendung
zur Vereinfachung algebraischer Terme.
(3) Graphsuchverfahren zur Lösung von Problemen, die in der
Zustands-Raum-Darstellung repräsentierbar sind, demonstriert an
einfachen Unterhaltungs-Aufgaben.
(4) Verfahren zur Bestimmung optimaler Züge beim Spiel des
Computers gegen einen menschlichen Partner, erläutert am Spiel
Tic-Tac-Toe.
(5) Problemlösungen, die auf der Suche in UND-ODER-Bäumen
beruhen, demonstriert und angewendet auf das rückwärts-
verkettende Lösen geometrischer Berechnungs- und Beweisaufgaben
aus dem Bereich der Sekundarstufe I.

Nicht berücksichtigt wurden Expertensysteme, obwohl diese heute im Mittelpunkt des Interesses in der KI-Forschung stehen. Das hat einen doppelten Grund. Einerseits verkörpert ein aus Fakten und Regeln bestehendes PROLOG-Programm bereits zwei wesentliche Komponenten eines Expertensystems: Auf eine aus Fakten und Regeln bestehende Wissensbasis wirkt ein Inferenz-System, welches mit Hilfe der Regeln Folgerungen aus den Fakten deduziert. Andererseits erfordert die Realisierung weiterer charakteristischer Komponenten eines Expertensystems, wie die Fähigkeit "Warum-Fragen" und "Wie-Fragen" zu beantworten, Problemlösetechniken, die in den PROLOG-Interpreter eingreifen und über den Rahmen einer Einführung hinausgehen. Der interessierte Leser sei hier auf das Buch von Clark und McCabe verwiesen.

Als **Adressaten** des Buches sollen in erster Linie Lehrer angesprochen werden, die in der Sekundarstufe II allgemeinbildender Schulen Informatik unterrichten und für Probleme der KI aufgeschlossen sind, aber wegen der bisherigen Beschränkung auf die Programmiersprachen PASCAL, ELAN und BASIC keinen Zugang zu diesem zukunftsträchtigen und didaktisch relevanten Bereich hatten. Aber auch Psychologen, Sprachwissenschaftler und Wirtschaftswissenschaftler, die sich mit Hilfe von PROLOG in Problemstellungen der KI einarbeiten wollen, dürften in dem Buch Unterstützung finden.

Die **methodische Konzeption** des Buches zielt in erster Linie auf Durchsichtigkeit und Allgemeingültigkeit der Prozeduren, während Fragen der Effizienz nur eine sekundäre Rolle spielen. Das Konzept des "logischen Programmierens" wird nicht strapaziert, sondern der Standpunkt vertreten, daß PROLOG eine vielseitige Programmiersprache ist, deren Möglichkeiten voll ausgeschöpft werden sollten. Deshalb wird auch besonderer Wert auf die Programmierung iterativer Prozesse gelegt, obwohl hier die Möglichkeit einer logischen Lesart meist fehlt. Als Problemlösetechnik, die auch in LISP und LOGO erfolgreich

verwendbar ist, wird die Veranschaulichung iterativer Prozeduren
mit Hilfe von Tabellen benutzt. Die Darstellung ist
problemorientiert. Meist wird der Leser nach einer Beschreibung
des jeweiligen Verfahrens in einer "Aufgabe" aufgefordert, das
Verfahren als PROLOG-Programm darzustellen. Wie bereits das
erste Unterkapitel zeigt, kann man mit PROLOG unmittelbar in
interessante Fragestellungen einsteigen, ohne sich erst mit
ermüdenden Syntaxfragen oder einer komplizierten
Programmierumgebung auseinandersetzen zu müssen. Mit
sorgfältiger methodischer Stufung wird in die
Programmiertechniken von PROLOG eingeführt. Als etwas "hart" mag
es dem Leser erscheinen, daß er schon an Hand des ersten
Beispiels mit der Wirkungsweise des PROLOG-Systems als eines
Beweisautomaten konfrontiert wird. Ein intensives Bemühen, die
Wirkungsweise von PROLOG zu verstehen, wird sich jedoch schon
bald auszahlen. Als eine nicht ganz leicht zu bewältigende
"Barriere" dürften sich dem mathematisch nicht trainierten Leser
die Kapitel 1.7 und 1.8. über rekursive Prozeduren erweisen.
Hier sind diejengen Leser im Vorteil, die bereits den rekursiven
Programmierstil in LISP oder LOGO kennen gelernt haben. Vom
zweiten Kapitel ab können die nachfolgenden Kapitel je nach
Interesse des Lesers unabhängig voneinander gelesen werden.

Wie auch bei anderen Programmiersprachen gibt es verschiedene
Dialekte von PROLOG, die sich aber nur äußerlich unterscheiden.
Für die Darstellung wurde hier **micro-PROLOG** gewählt, weil
dieser Dialekt als erster zu einem erschwinglichen Preis auf den
Betriebssystemen CP/M 80, PC/DOS und MS/DOS für Personal
Computer verfügbar war und in diesem Bereich am weitesten
verbreitet sein dürfte. Das System wird auf einer kopierbaren
Diskette zusammen mit einem sehr ausführlichen Handbuch und dem
Lehrbuch "micro-PROLOG: Programming in Logic" (Clark/McCabe
1984) von der Herstellerfirma Logic Programming Associates,
London, geliefert. Inzwischen ist micro-PROLOG auch über
Software-Firmen in der Bundesrepublik beziehbar. Die
"Standardsyntax" von micro-PROLOG benutzt Listen als
grundlegende Datenstruktur und ist leicht durchschaubar. Zu der
"nackten" Grundversion lassen sich zwei

Programmierumgebungen hinzuladen. Die Programmierumgebung MICRO
benutzt die Standardsyntax, bietet dem Benutzer aber vielfältige
Erleichterungen, z.B. für das Editieren von Programmen mit einem
Zeileneditor. Zusätzlich bietet die Programmierumgebung SIMPLE
dem Benutzer eine Sprachversion, die nahe an umgangssprachliches
Englisch angelehnt ist. Diese Sprachversion wurde für die
Notation der Pogramme im vorliegenden Buch gewählt. Dem
Einsteiger in micro-PROLOG dürfte sie das Verständnis der
Programme erheblich erleichtern. Eine weitere Verbesserung der
Programmierumgebung bietet micro-PROLOG Professional, eine neue
Version von micro-PROLOG, die seit Ende 1985 für PC-DOS und
MS-DOS angeboten wird. Es bietet Menü- und Fenstertechnik, ist
aber leider ebenso wenig wie die Vorgänger graphikfähig. Eine
wesentliche Verbesserung besteht darin, daß nun beliebige
Konstanten durch Voranstellung von "_" als Namen für Variable
verwendet werden können. Schließlich sei davor gewarnt, das Buch
auf die Dauer ohne die zusätzliche Unterstützung des
ausführlichen Manuals zu verwenden. Ebenso wenig wie das Manual
ein Lehrbuch ersetzen kann, kann das vorliegende Buch in einer
fortgeschrittenen Phase ein Manual ersetzen. So werden Techniken
der Fehlersuche mit Hilfe eines Trace und das Bilden von
Programm-Moduln im Buch nicht behandelt.

Gedankt sei W.Barz und den Herausgebern für Korrekturlesen,
sowie dem Verlag für die Zusage einer zügigen Fertigung und
Auslieferung des Buches nach Ablieferung des Manuskriptes.

Gießen, Juli 1986   Gerhard Holland

Inhalt

1. Grundlagen des Programmierens mit micro-PROLOG

1.1. Aufbau eines PROLOG-Programms

1.1.1. Einführendes Beispiel

Aufgabe:
Der in Abb.1 dargestellte Stammbaum von Otto wird durch folgende
Angaben repräsentiert:

    Otto ist Vater von Fritz und Ilse
    Fritz ist Vater von Karl und Suse
    Ilse ist Mutter von Peter und Ernst

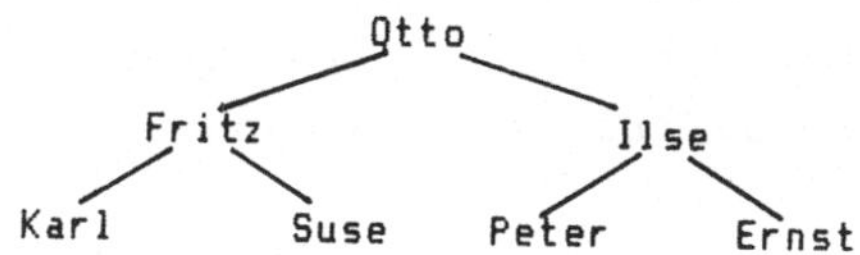

Abb. 1

Gesucht ist ein PROLOG-Programm, welches auf die folgenden
Fragen Antwort gibt:

a) Ist Otto Vater von Ilse?   d) Ist Suse Enkelkind von Otto?
b) Ist Ilse Mutter von Karl?   e) Welche Kinder hat Fritz?
c) Ist Ernst Kind von Ilse?   f) Welche Enkelkinder hat Otto?

Lösung:
Mit Hilfe des Prolog-Befehls **add** werden die den Stammbaum
repräsentierenden Daten als **Fakten** eingegeben:

```
&add(Otto ist-Vater-von Fritz)
&add(Otto ist-Vater-von Ilse)
&add(Fritz ist-Vater-von Karl)
&add(Fritz ist-Vater-von Suse)
&add(Ilse ist-Mutter-von Peter)
&add(Ilse ist-Mutter-von Ernst)
```

Anmerkung: Grundsätzlich wird jede Eingabe mit CR
(carriage-return) abgeschlossen.

Um eine Antwort auf die Frage a) zu erhalten, geben wir ein:
&is(Otto ist-Vater-von Ilse)
und erhalten als Antwort:
YES
Entsprechend erhalten wir eine Antwort auf die Frage b):
&is(Ilse ist-Mutter-von Karl)
NO

Um auch auf die Fragen c) und d) eine Antwort zu erhalten,
müssen wir mit Hilfe der beiden **Prädikate** "ist-Vater-von"
und "ist-Mutter-von" die beiden neuen Prädikate "ist-Kind-von"
und "ist-Enkelkind-von" als **Regeln** definieren. Dazu benutzen
wir die Variablen X,Y und Z:

```
&add(X ist-Kind-von Y if
        Y ist-Vater-von X)

&add(X ist-Kind-von Y if
        Y ist-Mutter-von X)

&add(X ist-Enkelkind-von Y if
        X ist-Kind-von Z and
        Z ist-Kind-von Y)
```

Anmerkung: Zur besseren Lesbarkeit kann man bei der Eingabe
die Zeile mit CR abbrechen. Am Zeilenanfang der folgenden Zeile
erscheint dann eine 1, die daran erinnert, daß noch eine Klammer
zu schließen ist. Die 1 wurde hier fortgelassen.

Wiederum mit Hilfe von **is** werden nun auch die Fragen c) und
d) beantwortet:
&is(Ernst ist-Kind-von Ilse)
YES
&is(Suse ist-Enkelkind-von Otto)
YES

Die Fragen e) und f) werden mit Hilfe der Fragewörter **which**
oder **all** beantwortet:
&which(X: X ist-Kind-von Fritz)
Karl
Suse
No (more) answers

&all(X: X ist-Enkelkind-von Otto)
Karl
Suse
Peter
.Ernst
No (more) answers

1.1.2. Fakten und Regeln eines PROLOG-Programms

Jedes Prologprogramm ist eine Liste von sogen. **Klausen**,
wobei jede Klause entweder ein **Faktum** oder eine **Regel**
ist. Die wichtigsten Bausteine, aus denen Fakten und Regeln
gebildet werden, sind die **atomaren Sätze**. Jeder atomare Satz
entsteht aus einem n-stelligen **Prädikat**, indem man für jede
der n Stellen des Prädikates entweder eine **Konstante** oder
eine **Variable** einsetzt, z.B.:

Prädikat	atomarer Satz
ist-Vater-von	Otto ist-Vater-von Fritz
ist-weiblich	Ilse ist-weiblich
ist-Mutter-von	X ist-Mutter-von Peter
ist-Enkelkind-von	X ist-Enkelkind-von Y

Einstellige Prädikate sind Namen für Eigenschaften (z.B.
"weiblich"), mehrstellige Prädikate sind Namen für
Relationen (z.B. "ist-Mutter-von").
Fakten sind atomare Sätze, in denen keine Variablen, also
nur Konstanten vorkommen. **Regeln** sind Sätze der Gestalt:

<atomarer Satz> if <Bed. 1> and <Bed. 2> and .. and <Bed. k>

Was eine **Bedingung** ist, wollen wir hier nicht allgemein
definieren. Vorläufig kommen in unseren Programmbeispielen nur
solche Regeln vor, in denen jede Bedingung ein atomarer Satz
ist. Ferner gehören atomare Sätze, in denen Variablen vorkommen,
zu den Regeln. Eine solche Regel nennen wir "rumpflos".
Unser Beispielprogramm enthält vier Fakten zum Prädikat
"ist-Vater-von", zwei Fakten zum Prädikat "ist-Mutter-von", zwei
Regeln zum Prädikat "ist-Kind-von" und eine Regel zum Prädikat
"ist-Enkelkind-von", also insgesamt neun Klausen.

Die allgemeine Darstellung eines atomaren Satzes ist die **Präfix**-
Notation. Hier steht das Prädikat **vor** den Konstanten bzw.
Variablen. Die letzteren sind in Klammern eingeschlossen. Zur
besseren Lesbarkeit können atomare Sätze zu einstelligen
Prädikaten außerdem in **Postfix**-Notation und atomare Sätze zu
zweistelligen Prädikaten in **Infix**-Notation dargestellt
werden. Bei der Postfix-Notation ist das einstellige Prädikat
dem Argument (Konstante bzw. Variable) nachgestellt, bei der
Infix-Notation steht das zweistellige Prädikat zwischen den
beiden Argumenten:

```
Präfix-Notation          Postfix-Notation   Infix-Notation
-------------------------------------------------------------------
ist-Mutter-von(X Ernst)        ---         X ist-Mutter-von Ernst
ist-weiblich(Ilse)       Ilse ist-weiblich        ---
```

Als Variablen stehen in micro-PROLOG zur Verfügung:
X, Y, Z, x, y, z, X1, Y1, Z1, x1, y1, z1, X2, ...
Wie wir später sehen werden, kann man jedoch auf Grund einer
Variablendeklaration auch beliebige Wörter als Variablen
benutzen.

1.1.3. Anfragen an ein PROLOG-Programm

An ein PROLOG-Programm können "is-Fragen", "which-Fragen",
"all-Fragen" und "one-Fragen" gestellt werden, wobei "which" und
"all" synonym verwendet werden.

a) **is-Fragen** haben die Gestalt:
is(Bedingung1 and Bedingung2 and ... and Bedingungk)
Jede is-Frage wird mit **YES** oder **NO** beantwortet, z.B.:
(1) is(Peter ist-Kind-von Ilse) ---> YES
(2) is(x ist-Kind-von Ilse) ---> YES
Im zweiten Beispiel wird gefragt, ob Ilse ein Kind besitzt, ohne
daß der Name des Kindes von Interesse ist.

b) **all-Fragen** (und which-Fragen) haben die Gestalt:
all(Antwort-Muster: Bedingung1 and ... and Bedingungk)
Hier ist "Antwort-Muster" ein sprachlicher Ausdruck, in dem jede
Variable vorkommen kann, die in wenigstens einer der k
Bedingungen vorkommt.
Für jede gefundene Lösung wird ein Ausdruck ausgegeben, der
durch Ersetzung der Variablen in "Antwort-Muster" durch
Konstante entsteht, z.B.:

(1) all(x ist eine Tochter von Fritz: x ist-Kind-von Fritz and
x ist-weiblich)
Suse ist eine Tochter von Fritz
No (more) answers

(2) all(x ist Enkel von y: x ist-Enkelkind-von y)
Karl ist Enkel von Otto
Suse ist Enkel von Otto
Peter ist Enkel von Otto
Ernst ist Enkel von Otto
No (more answers)

c) **one-Fragen** unterscheiden sich von all-Fragen lediglich
dadurch, daß sie nach der ersten Lösung nur nach Anfrage weitere
Lösungen liefern.

1.1.4. Programmierumgebung

a) Fakten und Regeln werden mit Hilfe von **add** eingegeben.
Der Befehl **add <klause>** fügt die Klause an letzter Stelle der
Liste des betreffenden Prädikats an. Der Befehl **add n (clause)**
fügt die Klause an n-ter (gegebenenfalls letzter) Stelle in der
Liste der betreffenden Prädikate an. Will man mehrere Fakten zu
einem Prädikat in Präfix-Notation eingegeben, so kann man
Schreibarbeit sparen, indem man "accept <prädikat>,CR" eingibt.
Man braucht dann jeweils nur noch die in Klammern zu setzenden
Argumente einzugeben. Abgebrochen wird durch Eingabe von "end".

b) Als Folge des Befehls **list all** werden alle Klausen
des Programms aufgelistet, und zwar nach Prädikaten geordnet.
Mit **LIST ALL** werden die Prädikate in der **Standardsyntax**
von micro-PROLOG ausgelistet. Um auch diese Syntax nebenbei zu
lernen, sei dem Leser empfohlen, von dem LIST-Befehl häufig
Gebrauch zu machen. Als Folge des Befehls **list <prädikat>**
werden alle Fakten und Regeln zu dem eingegebenen Prädikat
aufgelistet. Variablen in einer Regel treten immer in der oben
angegebenen Reihenfolge $X,Y,Z,x,y,z,X1,Y1,Z1,\ldots$ auf. Es ist
daher zweckmäßig, diese Reihenfolge schon bei der Eingabe zu
benutzen. Durch den Befehl **list dict** wird eine Liste der
bisher definierten Prädikate ausgegeben.

c) Mit Hilfe des Befehls **delete <prädikat> n** wird die
n-te Klause von <prädikat> gelöscht.

d) Mit Hilfe von **edit <prädikat> n** wird die n-te Klause
von <prädikat> aufgelistet und kann mit dem Zeileneditor
verändert werden (s.Anhang).

e) Durch **kill all** wird das gesamte Programm gelöscht,
durch kill <prädikat> alle Klausen zu <prädikat>.

f) Mit **save <filename>** und **load <filenmae>** werden
Programme gespeichert bzw. geladen. Als Filenamen dürfen keine
Namen verwendet werden, die als Prädikate im Programm vorkommen.

1.2. PROLOG als Beweisautomat

Jede Beantwortung einer Frage durch das PROLOG-System kann als
ein **Beweis** aufgefaßt werden. Die aus Fakten und Regeln
bestehenden Klausen des PROLOG-Programms sind die
Voraussetzungen. Die in der Frage formulierte Aussage ist
die zu beweisende **Behauptung**. Im Falle einer **one**-Frage
ist die Behauptung eine **Existenzaussage**. Beispielsweise
besagt die Frage:
one(x: x ist-Enkelkind-von Otto) dasselbe wie:
Es gibt ein x: x ist-Enkelkind-von Otto.
Der Beweis wird erbracht, indem wenigstens ein Enkelkind von
Otto aufgewiesen wird. Eine zusätzliche Dienstleistung des
PROLOG-Systems besteht darin, auf Wunsch weitere Lösungen der
Aussageform "x ist-Enkelkind-von Otto" zu liefern. (Eine which-
bzw. all-Frage liefert automatisch alle Lösungen.)

Für das Lesen von PROLOG-Programmen und das Programmieren
einfacher Programme ist es nicht erforderlich, den Vorgang zu
durchschauen, den das PROLOG-System zur Beweisfindung benutzt.
Für ein effizientes Programmieren komplexerer Programme ist es
hingegen unerläßlich, daß der Programmierer ein grundlegendes
Verständnis des Beweisvorganges besitzt. Am Beispiel des
Programms aus 1.1.1 soll deshalb das Verfahren erläutert werden.
Das Programm sei zu diesem Zweck noch einmal aufgelistet, wobei
wir die Klausen von (C1) bis (C9) durchnumeriert haben.

    (C1)   Otto ist-Vater-von Fritz
    (C2)   Otto ist-Vater-von Ilse
    (C3)   Fritz ist-Vater-von Karl
    (C4)   Fritz ist-Vater-von Suse
    (C5)   Ilse ist-Mutter-von Peter
    (C6)   Ilse ist-Mutter-von Ernst

```
(C7)   X ist-Kind-von Y if
          Y ist-Vater-von X

(C8)   X ist-Kind-von Y if
          Y ist-Mutter-von X

(C9)   X ist-Enkelkind-von Y if
          X ist-Kind-von Z and
          Z ist-Kind-von Y
```

Das Beweisverfahren ist eine spezielle Strategie des
Rückwärtsverkettens. Ausgehend von der zu beweisenden
Zielaussage wird versucht, zu dem in der Zielaussage
vorkommenden Prädikat eine Klause zu finden, mit der die
Zielaussage "matcht", d.h. zu einer "Passung" gelangt. Gelingt
der Match mit einem **Faktum**, so ist die Zielaussage
gelöst. Bei einer is-Frage bricht das Verfahren ab, bei
einer all-Frage werden weitere Lösungen gesucht. Gelingt der
Match mit einer **Regel**, so entstehen neue Unterziele, die
nacheinander gelöst werden. Es entsteht auf diese Weise ein
Stapel von Zielaussagen, bei dem einerseits das oberste Ziel
stets als erstes bewiesen wird, und bei dem andererseits neu
hinzukommende Unterziele stets oben angefügt werden. Wir
erläutern das Verfahren an einigen Beispielen:

Beispiel 1: Beim Aufruf von "is(Ilse ist-Mutter-von Peter)"
führt die Zielaussage "Ilse ist-Mutter-von Peter" zu einem Match
mit der Klause (C5) und wird durch diesen Match **gelöst**. Mit
der Ausgabe von YES bricht das Verfahren ab.

Beispiel 2: Beim Aufruf von "all(x: Ilse ist-Mutter-von x)"
führt die Zielaussage "Ilse ist-Mutter-von x" ebenfalls zu einem
Match mit (C5). Hierbei wird die Variable x durch die Konstante
"Peter" ersetzt. Dafür schreiben wir kurz: Peter/x. Nach Ausgabe
der Lösung "Peter" sucht das System nach weiteren Lösungen. Es
kommt ein Match mit der Klause (C6) zustande, der die Lösung
"Ernst" liefert. Weitere Lösungen werden nicht gefunden.

Beispiel 3: Beim Aufruf von "is(Peter ist-Enkelkind-von Otto)"
führt die Zielaussage "Peter ist-Enkelkind-von Otto" zu einem
Match mit (C9). Dabei werden die Variablen X und Y durch "Peter"
bzw. durch "Otto" ersetzt, und zwar überall dort, wo sie in der
Klause vorkommen. Neue Zielaussagen sind nun:
"Peter ist-Kind-von Z" und "Z ist-Kind-von Otto".
Als nächstes versucht nun das System die erste der beiden
Zielaussagen zu lösen. Die vollständige Lösung zeigt Abb.2. in
einer graphischen Darstellung, die wir **Beweisbaum** nennen
wollen.

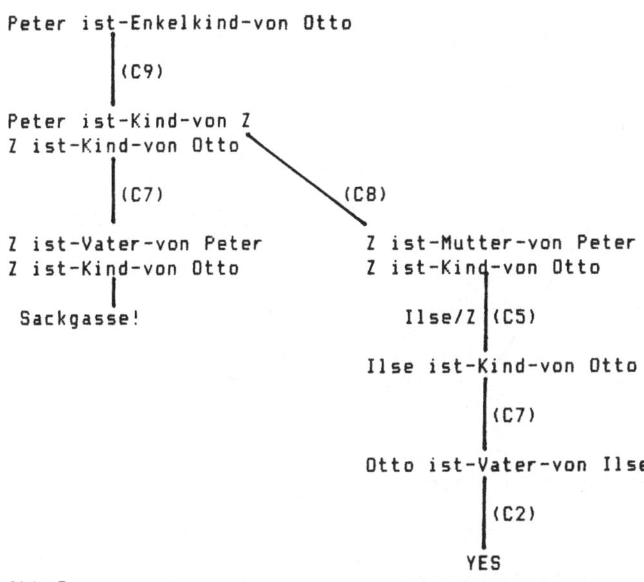

Abb.2

Nach der erstmaligen Anwendung von (C7) findet sogen.
Backtracking statt, d.h. ein Rücksprung von der nicht
beweisbaren Zielaussage "Z ist Vater von Peter" zur vorherigen
Zielaussage "Peter ist Kind von Z". Es wird nun versucht, diese
mit Hilfe von (C8) zu beweisen, was dann auch zum Erfolg führt.

Man beachte, daß die Klausen zu einem Prädikat in der
Reihenfolge durchlaufen - und auf Anwendbarkeit geprüft -
werden, in der sie im Programm angeordnet sind.

Beispiel4:
Abb.3 zeigt einen unvollständigen Beweisbaum zur Lösung der
Frage:
all(x: x ist-Enkelkind-von Otto)

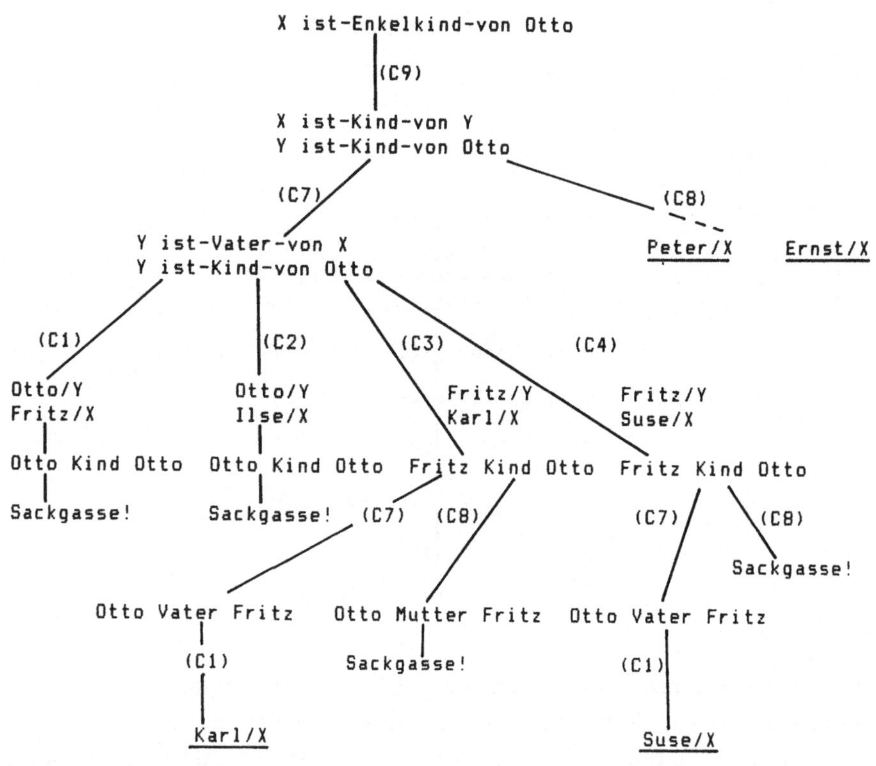

Abb.3

1.3. Listen

1.3.1. Repräsentation einer Mini-Blockwelt

Eine kleine "Blockwelt" besteht aus acht Blöcken verschiedener
Gestalt (Würfel, Pyramide), verschiedener **Größe** (groß,
klein) und verschiedener **Farbe** (rot, blau, gelb). Den
Blöcken sind als Namen die Buchstaben A,B,..,H zugeordnet. Die
Eigenschaften der Blöcke sind der folgenden Tabelle zu
entnehmen:

Name	Gestalt	Größe	Farbe
A	Würfel	groß	rot
B	Würfel	groß	blau
C	Würfel	groß	gelb
D	Würfel	klein	rot
E	Würfel	klein	gelb
F	Pyramide	groß	rot
G	Pyramide	groß	blau
H	Pyramide	klein	gelb

Aufgabe 1:

Die Daten über die Blockwelt sind als Fakten eines PROLOG-
Programms in geeigneter Weise so darzustellen, daß Fragen der
folgenden Art beantwortet werden können:
a) Welche Blöcke sind Pyramiden?
b) Welche Blöcke sind klein?
c) Welche gelben Würfel gibt es?

1. Lösung:

Als eine naheliegende Lösung bietet es sich an, für jede der
vorkommenden sieben Eigenschaften ein PROLOG-Prädikat
einzuführen: ist-wuerfel, ist-pyramide, ist-gross, ist-klein,
ist-rot, ist-blau und ist-gelb.
Da zu jedem der acht Blöcke drei Eigenschaften angegeben sind,
enthält die **Datenbasis** 24 Fakten, jedoch keine Regeln:

```
ist-wuerfel(A)
ist-wuerfel(B)
--- usw. bis---
ist-gelb(H)
```

Die gestellte Aufgabe wird nun wie folgt gelöst (der Pfeil
bedeutet "ergibt als Lösung"):
a) all(x: ist-pyramide(x)) ---> F, G, H
b) all(x: ist-klein(x))   ---> D, E, H
c) all(x: ist-gelb(x) and ist-wuerfel(x)) ---> C, E

2.Lösung:

Eine andere Möglichkeit der Repräsentation unserer Blockwelt
bietet der Datentyp **Liste**. Daß die fünf Blöcke A, B, C, D
und E Würfel sind, drücken wir aus durch die PROLOG-Klause
wuerfel((A B C D E)). Hier ist **wuerfel** ein einstelliges
Prädikat, dessen Argument die Liste (A B C D E) ist.
Entsprechend verfahren wir mit den anderen Eigenschaften und
erhalten die folgende Repräsentation der Blockwelt durch ein
PROLOG-Programm:

```
wuerfel((A B C D E))
pyramiden((F G H))
grosse-bloecke((A B C F G))
kleine-bloecke((D E H))
rote-bloecke((A D F))
blaue-bloecke((B G))
gelbe-bloecke((C E H))
```

Anstelle von 24 Klausen benötigen wir jetzt nur 7 Klausen zur
Darstellung der Daten. Zur Beantwortung der Fragen a) und b) ist
die neue Repräsentation unserer Blockwelt durch Listen besonders
gut geeignet, da ja nach der Gesamtheit aller Blöcke mit einer
bestimmten Eigenschaft gefragt wird:
a) which(x: pyramiden(x)) ---> (F G H)
b) which(x: kleine-bloecke(x)) ---> (D E H)

Die Stellung und Beantwortung der Frage c) ist hingegen sehr
viel aufwendiger. Wir benötigen dazu das im System schon
definierte Prädikat **ON**(X Y), welches auf ein Objekt X und
eine Liste Y genau dann zutrifft, wenn X ein Element der Liste Y
ist, z.B.(in Infix-Notation):
is(eine ON (dies ist eine Liste)) ---> YES
is(12 ON (6 2 9 5 18)) ---> NO
Wir können mit ON aber auch abfragen, welche Elemente zu einer
Liste gehören, z.B.(in Präfix-Notation):
all(x: ON(x (6 2 9 5 18))) ---> 6, 2, 9, 5, 18

Die Frage c) wird nun wie folgt gestellt und beantwortet:
which(x:gelbe-bloecke(y) and wuerfel(z) and x ON y and x ON z)
---> C, E

Der Beweisbaum in Abb.4 zeigt, wie die beiden Lösungen gefunden
werden.

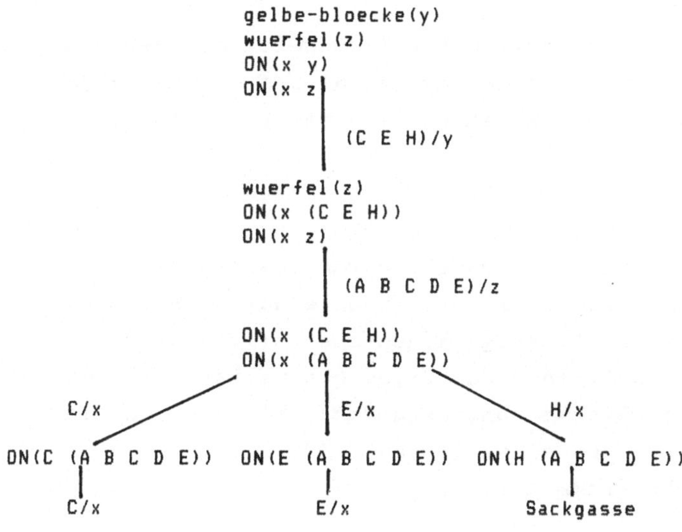

Abb.4

Die Eigenschaften **ist-wuerfel**, **ist-pyramide** usw. können
wir als Regeln definieren und insbesondere die Frage c) so
formulieren wie bei der 1.Lösung:

```
ist-wuerfel(X) if
    wuerfel(Y) and
    ON(X Y)

ist-gelb(X) if
    gelbe-bloecke(Y) and
    ON(X Y)
```

```
all(x: ist-gelb(x) and ist-wuerfel(x)) ---> C, E
```

Keine der beiden Lösungen von Aufgabe 1 erlaubt die Beantwortung
von Fragen der Art: Welche Eigenschaften hat Block E?
Hier wird ja nicht nach Objekten gefragt, die bestimmte
Eigenschaften haben, sondern umgekehrt nach Eigenschaften, die
auf ein bestimmtes Objekt zutreffen.

Aufgabe 2:
Gesucht ist eine Repräsentation der Blockwelt, mit der man
zusätzlich zur Beantwortung der Fragen a) bis c) von Aufgabe 1
auch die Frage: d) Welche Eigenschaften hat Block E?
beantworten kann.

Lösung:
Wir repräsentieren unsere Blockwelt durch sogenannte
Eigenschaftslisten. Jede Zeile der Tabelle auf S.19 ist (als
Liste aufgefaßt) eine derartige Eigenschaftsliste, z.B.:
(G Pyramide groß blau). In jeder Eigenschaftsliste sind die
Eigenschaften eines Blocks zusammengefaßt. Wir stellen die
Datenbasis mit Hilfe des einstelligen Prädikats **block** wie
folgt als PROLOG-Programm dar:

```
block((A wuerfel gross rot))
block((B wuerfel gross blau))
block((C wuerfel gross gelb))
block((D wuerfel klein rot))
block((E wuerfel klein gelb))
```

```
block((F pyramide gross rot))
block((G pyramide gross blau))
block((H pyramide klein gelb))
```

Die gestellte Aufgabe wird nun wie folgt gelöst:
```
a) all(x: block((x pyramide y z)) )   ---> F, G, H
b) all(x: block((x y klein z)) )      ---> D, E, H
c) all(x: block((x wuerfel y gelb)) ) ---> C,E
d) all((x y z): block((E x y z)) )    ---> (wuerfel klein gelb)
```

Bei der Auswertung der Frage "all(x: block((x pyramide y z))"
wird das Muster "block((x pyramide y z))" gegen die Fakten des
Programms gematcht. Ein erster erfolgreicher Match kommt mit der
6. Klause des Programms zustande. Der Match der Liste
(x pyramide y z) gegen die Liste (F pyramide gross rot) führt zu
der Variablensubstiution: F/x, gross/y, rot/z.

Zur Vereinfachung der Fragestellung können wir die Prädikate
ist-wuerfel ist-pyramide, ist-gross, ist-klein, ist-rot,
ist-blau, ist-gelb und hat-eigenschaften als PROLOG-Regeln
definieren, z.B.:

```
ist-pyramide(x) if
    block((x pyramide y z))

ist-klein(x) if
    block((x y klein z))

x hat-eigenschaften y if
    block((x¦y))
```

Das in der Definition des Prädikates **hat-eigenschaften**
vorkommene Listenmuster (x¦y) matcht mit jeder nicht-
leeren Liste so, daß der Variablen x das erste Element der Liste
und der Variablen y die Restliste zugeordnet wird (s.u). Das
zweistellige Prädikat **hat-eigenschaften**(x y) ist somit eine
Funktion, die jedem Blocknamen x die Liste y der Eigenschaften
zuordnet. Wir formulieren die Frage d) jetzt wie folgt:
```
d) all(x: hat-eigenschaften(E x))   ---> (würfel klein gelb)
```

1.3.2 Listen

Die **Liste** ist eine Datenstruktur von PROLOG, in der beliebig
viele Objekte (Konstanten, Variablen, Zahlen und Listen) in
vorgegebener Reihenfolge zwischen zwei runden Klammern
zusammengefaßt sind. Beispiele für Listen sind:

a) (dieses ist eine Liste)

b) (1 2 3 4 5 6 7 8 9 10)

c) (dieses (ist eine (geschachtelte)) Liste)

d) (X (2 3) Y primzahl)

e) die leere Liste: ()

Mit Hilfe des Systemprädikates **ON** kann man auf die Elemente
einer Liste zugreifen (s.o). Viele weitere Prädikate für Listen
werden wir in Kapitel 1.8. definieren.

Ein besonders wichtige Möglichkeit zum Zugriff auf Listen und
zur Veränderung von Listen bieten die Listenmuster:
(X¦Y), (X Y¦Z), (X Y Z¦x), usw.

> Wird das Listenmuster (X¦Y) mit einer Liste gematcht,
> so wird für die Variable X das **erste** Listenelement,
> für die Variable Y die **Restliste** substituiert.

Entsprechend werden bei einem Match des Listenmusters (X Y¦Z)
mit einer Liste die Variablen X und Y durch die beiden ersten
Listenelemente ersetzt, die Variable Z durch die Restliste.

Beispiele:

a) (X¦Y) matcht mit (A B C D) und ergibt A/X und (B C D)/Y.

b) (X Y¦Z) matcht mit (A B C D) und ergibt A/X, B/Y, (C D)/Z.

c) (X¦Y) matcht mit (A) und ergibt A/X und ()/Y.

d) (X¦Y) matcht **nicht** mit ()

1.3.3. Das Systemprädikat EQ

Der bei der Auswertung eines PROLOG-Programms verwendete
Mustererkenner ist auch explizit als eingebautes Systemprädikat
EQ (Abkürzung für equal) verfügbar. Mit seiner Hilfe kann
man z.B. zwei Listen miteinander matchen. Die folgenden
Beispiele zeigen die Wirkung des Prädikates EQ:

a) is(Adam EQ Adam) ---> YES

b) is(34 EQ 34) ---> YES

c) is((Adam Eva) EQ (Adam Eva)) ---> YES

d) is((Adam Eva) EQ (Eva Adam)) ---> NO

e) is((x Eva) EQ (Adam Eva)) ---> YES

f) which(x: (x Eva) EQ (Adam Eva)) ---> Adam

g) which(x: (Adam Eva) EQ (Adam x)) ---> Eva

h) which((x,y): (x y) EQ (Adam Eva)) ---> (Adam,Eva)

i) which((x,y): (x Eva) EQ (Adam y)) ---> (Adam,Eva)

j) which(x y: (x¦y) EQ (Adam Eva)) ---> Adam (Eva)

k) which(x y: (x¦y) EQ (5 2 7 1 4)) ---> 5 (2 7 1 4)

l) which(x y z: (5 2 7 1 4) EQ (x y¦z)) ---> 5 2 (7 1 4)

Wie die Beispiele zeigen, unterscheidet der Mustererkenner EQ
nicht zwischen "Muster" und "Datum". Sowohl die rechte als auch
die linke Liste kann Variablen enthalten.

1.4. Zahlen

1.4.1. Arithmetische Prädikate

Micro-PROLOG verfügt über die Datentypen **integer** (ganze Zahl) und **real** (Dezimalzahl). Für beide Datentypen sind die Systemrelationen **SUM**, **TIMES**, **LESS** und **INT** definiert.

a) Die Aussage **SUM**(X Y Z) ist genau dann wahr, wenn Z die Summe von X und Y ist. Man kann die dreistellige Relation **SUM** sowohl zur Berechnung der **Summe** als auch zur Berechnung der **Differenz** zweier Zahlen verwenden. Beim Aufruf von SUM müsssen wenigstens zwei der drei Argumete Zahlen sein, z.B.:

```
is(SUM(-9   23.3   14.3 ))        ---> YES
which(x: SUM(-9   23.3   x))      ---> 14.3
which(x: SUM(-9   x   14.3))      ---> 23.3
which(x: SUM(x   23.3   14.3))    ---> -9
which(x,y: SUM(x 5 y))            ---> <Fehlermeldung>
```

b) Die Aussage **TIMES**(X Y Z) ist genau dann wahr, wenn Z das Produkt von X und Y ist. Entsprechend zu SUM kann man die dreistellige Relation **TIMES** sowohl zur Berechnung des **Produktes** als auch zur Berechnung des **Quotienten** zweier Zahlen verwenden. Beim Aufruf von TIMES müsssen wenigstens zwei der drei Argumente Zahlen sein, z.B.:

```
is(TIMES(-4   3.5   -14))         ---> YES
which(x: TIMES(-4   3.5   x))     ---> -14
which(x: TIMES(-4   x   -14))     ---> 3.5
which(x: TIMES(x   3.5   -14))    ---> -4
which(x,y: TIMES(x y 12))         ---> <Fehlermeldung>
```

c) Die zweistellige Relation **LESS** dient zum **Größenvergleich** zweier Zahlen. LESS(X Y) trifft genau dann zu, wenn X kleiner als Y ist. Beim Aufruf von LESS müssen beide Argumente Zahlen sein, z.B.:

```
is(LESS(-12.3  45))   ---> YES
is(LESS(11 -4.2))     ---> NO
which(x: LESS(x 5))   ---> <Fehlermeldung>
```

d) Das Prädikat **INT** dient sowohl zur Bezeichnung einer
Eigenschaft (einstellige Relation) als auch zur Bezeichnung
einer zweistelligen **Relation**. Als Eigenschaft prüft INT, ob
eine Zahl eine ganze Zahl ist oder nicht. Als zweistellige
Relation liefert INT zu einer Zahl den **ganzzahligen Anteil**,
d.h. sie schneidet die Nachkommaziffern ab. Beim Aufruf von INT
muß das erste Argument stets eine Zahl sein, z.B.:

```
is(INT(45))             ---> YES
is(INT(-3.5))           ---> NO
is(INT(33.4  33))       ---> YES
which(x: INT(-5.31 x))  ---> -5
which(x: INT(x 7))      ---> <Fehlermeldung>
```

Mit Hilfe der Prädikate SUM, TIMES, LESS und INT lassen sich
weitere Prädikate definieren.

Aufgabe:
Definieren Sie die Prädikate **teilt**, **div** und **rest**:
teilt(X Y) soll für zwei ganze Zahlen X und Y genau dann
wahr sein, wenn X ein **Teiler** von Y ist, z.B.:
```
is(teilt(6 48)) ---> YES
is(teilt(48 6)) ---> NO
```
div(X Y Z) soll zu zwei ganzen Zahlen X und Y das Ergebnis Z
bei der **Ganzzahl-Division** von X durch Y liefern, z.B.:
```
which(x: div(50 6 x) ---> 8
which(x: div(6 50 x) ---> 0
```
rest(X Y Z) soll zu zwei ganzen Zahlen X und Y den **Rest**
Z bei der Ganzzahl-Division von X durch Y liefern, z.B.:
```
which(x: rest(50 6 x) ---> 2
which(x: rest(6 50 x) ---> 6
```

```
                                        1 2 3
                                        8 0 4
                                        7 6 5
```

Lösung: Abb.6

```
  teilt(X Y) if
      TIMES(X Z Y) and
      INT(Z)

  div(X Y Z) if
      TIMES(x Y X) and
      INT(x Z)

  rest(X Y Z) if
      div(X Y x) and
      TIMES(x Y y) and
      SUM(y Z X)
```

Anmerkung: Darstellung von Rechenoperationen als Funktionen
Die Darstellung der Rechenoperationen + und * als dreistellige
Relationen ist zwar aus der Sicht von PROLOG konsequent, aber
nicht immer sehr nützlich. Die meisten PROLOG-Versionen bieten
daher zusätzlich die Möglichkeit der Operatoren-Darstellung für
+, * - und / in der gewohnten Infixnotation. Wir gehen auf diese
Möglichkeit jedoch nicht ein, sondern verweisen auf das Manual
und das Buch von Clark/McCabe (s.Literaturverzeichnis).

1.4.2. Zahldarstellungen
a) Beispiele für **ganze** Zahlen:
   345 -239 0
   größte ganze Zahl: 99999999
   kleinste ganze Zahl: -99999999

b) Beispiele für **Dezimalzahlen**:
   Fixpunkt-Notation: 34.789   -0.345   -895.02578
   Wissenschaftliche-Notation: 0.34E5   5E-3   -583.00234E127
   Kleinste positive Zahl: 0.0000001E-127
   Größte positive Zahl: 9.9999999E127

Für beide Notationen gilt:
- Es kommt genau ein Dezimalpunkt vor
  (z.B. ist 4E5 nicht erlaubt),
- Es werden höchstens 8 Ziffern berücksichtigt
  (z.B. wird 4.510045936E-5 als 4.5100459E-5 verarbeitet).

1.5. Negation

Mit Hilfe von **not** kann man eine Aussage **verneinen**.
Beispiele:
```
a) is(g ON (a b c d e))              ---> NO
   is(not g ON (a b c d e))          ---> YES
   is(not not g ON (a b c d e))  ---> NO
b) is(c ON (a b c d e))              ---> YES
   is(not c ON (a b c d e))          ---> NO
   is(not not c ON (a b c d e))  ---> YES
c) all(x: x ON (a b c))              ---> a,b,c
   all(x: not x ON (a b c))          ---> no (more) answers
d) all(x: x ON (a b c) and not x ON (b e f)) ---> a,c
e) all(x: x ON (a b c d) and not x EQ b and not x EQ d) ---> a,c
f) all(x: x ON (a b c d e) and not(x ON (a b c) and x ON (c d)))
                                     ---> a,b,d,e
   all(x: x ON (a b c d e) and not x ON (a b c) and x ON (c d))
                                     ---> d
```
Aus den Beispielen wird deutlich:
```
   Wenn is(A) ---> YES, dann is(not A) ---> NO,
   Wenn is(A) ---> NO,   dann is(not A) ---> YES.
```

Mit anderen Worten: Eine Bedingung **not A** ist genau dann
erfüllt, falls die Bedingung **A** nicht erfüllt ist.
Beweisbaum zu d):

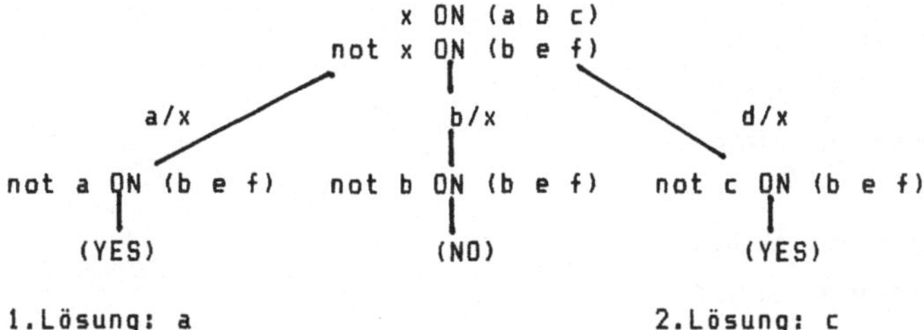

Abb.5.

Beispiel f) zeigt, daß man (unmittelbar einsichtige)
Klammerregeln beachten muß.
Beispiel c) demonstriert eine unzulässige Anwendung von **not**.

Regel zum richtigen Gebrauch von not:
Jede **globale** Variable, die in einer **negierten**
Bedingung vorkommt, muß **vor** Auswertung der Bedingung
mit einer Konstanten belegt sein.
Dabei gilt: Jede Variable einer Bedingung, die nur in
dieser Bedingung vorkommt, heißt eine **lokale** Variable
dieser Bedingung. Alle anderen Variablen der Bedingung
heißen **globale** Variablen der Bedingung.

Aufgabe 1:
Gegeben ist das folgende Programm (vgl. 1.1.1):

```
weiblich(Ilse)
weiblich(Suse)

maennlich(Otto)
maennlich(Fritz)
maennlich(Karl)
maennlich(Peter)
maennlich(Ernst)

Otto is-vater-von Fritz
Otto ist-vater-von Ilse
Fritz ist-vater-von Karl
Fritz ist-vater-von Suse

Ilse ist-mutter-von Peter
Ilse ist-mutter-von Ernst

X ist-kind-von Y if
    Y ist-vater-von X

X ist-kind-von Y if
    X ist-mutter-von X
```

Welche der folgenden Fragen sind unzulässig?
a) all(x: not weiblich(x))
b) all(x: maennlich(x) and not y ist-kind-von x)
c) all(x: x ist-kind-von Ilse and not y ist-kind-von x)
d) all(x: not y ist-vater-von x)
e) all(x: maennlich(x) and not y ist-vater-von x)
f) all(x,y: x ist-vater-von y and not maennlich(y))

Lösung:
Unzulässig sind: a) und d). In beiden Fällen kommt in der
negierten Bedingung eine globale Variable vor, der vor der
Auswertung noch kein Wert zugewiesen wurde. Die Frage e) ist
zwar zulässig, die Antwort ist jedoch unsinnig, da natürlich
jede männliche Person einen Vater hat. An dem Beispiel wird
deutlich, daß man die Negation mit Vorsicht benutzen muß.

Aufgabe 2:
Gegeben sei das Programm von Aufgabe 1.
Kritisieren Sie die folgende Definition der Relation
ist-bruder-von und verbessern Sie ihre Unzulänglichkeit.

```
X ist-bruder-von Y if
      not X EQ Y and
      maennlich(X) and
      X ist-kind-von Z and
      Y ist-kind-von Z
```

Lösung:
Diese Definition ist nur als **Prüfprädikat** in einer **is-Frage**
anwendbar, z.B.:
is(Karl ist-bruder-von Ilse) ---> YES
Zur Generierung von "Brüdern" ist sie jedoch nicht brauchbar, da
die obige Anwendungsregel für die Negation nicht beachtet wurde.
Verbesserte Version:

```
X ist-bruder-von Y if
      maennlich(X) and
      X ist-kind-von Z and
      Y ist-kind-von Z and
      not X EQ Y
```

all(x: x ist-bruder-von Suse) ---> Karl

1.6. Komplexe Bedingungen

Bisher traten als Bedingungen einer PROLOG-Regel nur atomare
Sätze auf, sowie atomare Sätze die,durch **not** negiert wurden.
Die letzteren sind ein erstes Beispiel für **komplexe**
Bedingungen. Weitere komplexe Bedingungen werden mit **isall**,
forall und **or** gebildet. Insbesondere **isall** und **forall**

erweisen sich in vielen Fällen als nützliche Werkzeuge zur
Unterstützung eines logischen Programmierstils.

1.6.1. Mengenbildung mit der isall-Bedingung

Eine **Menge** können wir in PROLOG als eine **Liste**
repräsentieren, in der kein Element mehrfach vorkommt. Da es
zudem bei einer Menge auf die Reihenfolge der Elemente nicht
ankommt, repräsentieren die beiden Listen (3 4 5) und (5 4 3)
dieselbe, aus den drei Zahlen 3, 4 und 5 bestehende Menge.

Mit Hilfe der **all-Frage** erhalten wir zu einer
Aussageform A(X) alle Elemente, welche diese Aussageform
erfüllen. Z.B. liefert der folgende Aufruf alle Elemente, die
dem **Durchschnitt** der beiden Mengen (a b c d e) und
(c d e f g) angehören:
all(x: x ON (a b c d e) and x ON (c d e f g)) ---> c,d,e

Wünschenswert wäre darüber hinaus die Möglichkeit, eine derart
generierte Menge einer Variablen als Wert zuordnen zu können,
damit sie für die weitere Verarbeitung innerhalb einer Prozedur
zur Verfügung steht. Zu diesem Zweck verfügt micro-PROLOG über
ein Sprachelement **isall**, dessen Gebrauch aus dem folgenden
Aufruf deutlich wird:
which(y: y isall(x: x ON (a b c d e) and x ON (c d e f g)))
---> (e d c)

Man beachte, daß nun genau ein Objekt als Antwort auf die
which-Frage ausgegeben wird, nämlich die Schnittmenge der beiden
Mengen.

Eine isall-Aussage hat die Gestalt: **X isall (A: B)**
Zum Vergleich die all-Frage: **all (A: B)**
Auf der rechten Seite von **isall** kann jeder Ausdruck stehen,
der auch als rechte Seite von **all** vorkommen kann (vgl. 1.1.3),
die linke Seite von isall ist eine Variable, der die gebildete
Menge zugewiesen wird. Man beachte, daß die Elemente der
Ergebnismenge in einer Reihenfolge aufgeführt sind, die invers
zur Reihenfolge des Auffindens ist, also umgekehrt zu der durch
all ausgegebenen Reihenfolge.

Aufgabe 1:
Definieren Sie mit Hilfe von **isall** die beiden dreistelligen
Prädikate **SCHNITT**(X Y Z) und **DIFMENGE**(X Y Z), die zu
zwei Mengen X und Y den **Durchschnitt** bzw. die
Differenzmenge als Wert von y ausgeben.
Beispiele:
which(x: SCHNITT((a b c d e)(c d e f g) x)) ---> (e d c)
which(x: DIFMENGE((a b c d e)(c d e f g) x)) ---> (b a)

Lösung:

```
   SCHNITT(X Y Z) if
        Z isall(x: x ON X and x ON Y)

   DIFMENGE(X Y Z) if
        Z isall(x: x ON X and not x ON Y)
```


Man beachte, daß diese PROLOG-Definitionen den folgenden beiden
prädikatenlogischen Definitonen entsprechen:

Für alle X,Y,Z:
    SCHNITT(X,Y,Z) <==>d Z = {x: x ON X & x ON Y}

Für alle X,Y,Z:
    DIFMENGE(X,Y,Z) <==>d Z = {x: x ON X & not x ON Y}

1.6.2. Die or-Bedingung

Die **Vereinigung** zweier Mengen X und Y wird prädikatenlogisch
mit Hilfe des einschließenden "oder" definiert:
Für alle X,Y,Z:

      VEREINIGUNG(X,Y,Z) <==>d Z = {x: x ON X oder x ON Y}

Mit Hilfe einer in micro-PROLOG vorhandenen **or-Bedingung**
läßt sich diese Definition wie folgt als PROLOG-Prädikat
schreiben (vorläufige Definition):

```
   VEREINIGUNG(X Y Z) if
        Z isall x: (either x ON X or x ON Y)
```

Jede or-Bedingung hat die Gestalt: **(either A or B)**.
Hier können A und B beliebige Bedingungen sein, also auch mit
"and" zusammengesetzte Bedingungen, denn "either" und "or"
wirken zugleich als Klammern. Das "either" ist leider sehr
irreführend, da either...or nicht "entweder...oder" bedeutet,
sondern das einschließende oder.
Bei der Auswertung einer is-Frage der Gestalt:
is((either A or B))
wird zunächst untersucht, ob die Bedingung A erfüllt ist. Ist
das der Fall, so bleibt die Bedingung B unberücksichtigt.
Anderenfalls wird die Bedingung B geprüft. Entsprechend werden
bei der Auswertung einer all-Frage der Gestalt:
all(x: (either A(x) of B(x)))
zunächst alle Lösungen von A(x) und anschließend alle Lösungen
von B(x) gefunden. Die obige Definition für VEREINIGUNG hat
deshalb noch den Schönheitsfehler, daß sie diejenigen Elemente,
die in beiden Mengen vorkommen, doppelt liefert, z.B.:

```
which(x: VEREINIGUNG((a b c d e)(c d e f g)) x) --->
(g f e d c e d c b a)
```

Wir verhindern dieses durch folgende Änderung:

```
   VEREINIGUNG(X Y Z) if
        Z isall x: (either x ON X and not x ON Y or x ON Y)
```

Beim Absuchen des "either-Zweiges" werden jetzt nur die Elemente
a und b gefunden, beim Absuchen des "or-Zweiges" die Elemente
c,d,e,f,g.

Aufgabe 2:
Definieren Sie die zweistellige Relation **LESSEQ** (less or
equal = kleiner-gleich)
a) nur mit Hilfe der Relation LESS
b) mit der or-Bedingung unter Benutzung von LESS und EQ.

Lösung:

```
  a)   LESSEQ(X X)

       LESSEQ(X Y) if LESS(X Y)

  b)   LESSEQ(X Y) if
           (either X EQ Y or X LESS Y)
```

Die Auswertung beider Definitionen durch das Prologsystem ist
völlig analog.

1.6.3. Die forall-Bedingung
Mit Hilfe der **isall**-Bedingung und der **or**-Bedinung konnten
wir die üblichen Definitionen der Mengenverknüpfungen für den
Durchschnitt, die Differenzmenge und die Vereinigung zweier
Mengen als PROLOG-Definitionen schreiben. Mit Hilfe eines
weiteren in micro-PROLOG definierten Sprachelementes, der
forall-Bedingung, können wir auch die übliche Definition der
Mengeninklusion, nämlich die Relation **Teilmenge** als
PROLOG-Definition schreiben. Die prädikatenlogische Definition
lautet:

Für alle X,Y: TEILMENGE(X,Y) $<==>_d$
                Für alle z: z ON X --> z ON Y

(X ist genau dann Teilmenge von Y, falls jedes Element der Menge
X auch Element der Menge Y ist.) Als PROLOG-Programm:

```
  TEILMENGE(X Y) if
       (forall z ON X then z ON Y)
```

Jede forall-Bedingung hat die Gestalt: **(forall A then B)**.
Hier sind A und B wiederum beliebige Bedingungen. Für die
korrekte Anwendung einer forall-Bedingung ist darauf zu achten,
daß alle **globalen** Variablen, die in der forall-Bedingung
vorkommen, vorher einen Wert erhalten (im obigen Beispiel die
Variablen X und Y). Die forall-Bedingung ist erfüllt, wenn für
jede Erfüllung der Bedingung A auch die Bedingung B erfüllt ist.
Im obigen Beispiel: Für jede Belegung der Variablen z, für
welche die Bedingung z ON X erfüllt ist, muß auch die Bedingung
z ON Y erfüllt sein.

Aufgabe 3:
Zwei Mengen heißen **elementefremd**, fall sie kein gemeinsames
Element enthalten. Definieren Sie die zweistellige Relation
FREMD(X Y), die genau dann erfüllt ist, falls X und Y
elementefremd sind.

Lösung:

```
FREMD(X Y) if
     (forall Z ON X then not Z ON Y)
```

Aufgabe 4:
Stellen Sie an das PROLOG-Programm in 1.5, Aufgabe 1, die
folgenden Fragen:
a) Ist jede Mutter weiblich?
b) Ist jeder Bruder männlich?
c) Ist jede männliche Person Bruder?
d) Ist jedes Kind maennlich oder weiblich?

Lösung:
```
a) is((forall x ist-mutter-von y then weiblich(x)))  ---> YES
b) is((forall x ist-bruder-von y then maennlich(x))) ---> YES
c) is((forall maennlich(x) then x ist-bruder y))     ---> NO
d) is((forall x ist-kind-von y then
          (either maennlich(x) or weiblich(x))))   ---> YES
```

1.7. Rekursive Definitionen

Aufgabe 1:
Gesucht ist die Definition für ein zweistelliges Prädikat
LENGTH(X Y), welches für eine Liste X und eine natürliche
Zahl Y genau dann zutrifft, wenn Y die Anzahl der Elemente in
der Liste X ist, z.B.:
is(LENGTH((a b c d) 4)) ---> YES.
Für den Gebrauch wichtiger ist jedoch, daß das Prädikat als eine
Prozedur wirkt, die zu jeder eingegebenen Liste die Anzahl
der Elemente liefert, z.B.:
which(x: LENGTH((23 (a b) primzahl) x)) ---> 3.

Lösung:
Zur Lösung der Aufgabe suchen wir nach einer logisch korrekten
Definition der Relation "X hat die Länge Y" und schreiben diese
als PROLOG-Definition für das Prädikat LENGTH(X Y). Wir
verbinden damit die Hoffnung, daß das PROLOG-Prädikat nicht nur
auf **is-Fragen** richtige Antworten liefert, sondern daß wir
mit Hilfe einer **which-Frage** zu jeder Liste ihre Elementeanzahl
ermitteln können. Wir können die Relation "hat die Länge"
rekursiv wie folgt definieren:
(1) Die leere Liste hat die Länge 0.
(2) Eine Liste mit dem ersten Element X und der Restliste Y hat
die Länge Z, wenn Y die Länge x hat und Z = x + 1 ist.

Man nennt diese Definition **rekursiv**, weil der zu definierende
Begriff (in (2)) zur Definition benutzt wird.
Die Definition ist jedoch nicht zirkulär, wie man insbesondere
aus der folgenden **prozeduralen**, d.h. den Lösungsprozess
beschreibenden, Lesart von (2) erkennt:
Um die Länge einer (nicht-leeren) Liste zu bestimmen, bestimme
man die Länge der Restliste und addiere zu dem Ergebnis 1.
Das Problem, die Länge einer Liste zu bestimmen, wird somit auf
das Problem zurückgeführt, die Länge der Restliste zu bestimmen.

Beide Aussagen (1) und (2) der rekursiven Definition können wir unmittelbar als Klausen einer PROLOG-Definition schreiben:

```
(1)   LENGTH(() 0)

(2)   LENGTH((X¦Y) Z) if
          LENGTH(Y x) and
          SUM(x 1 Z)
```

Der Beweisbaum von Abb.6 zeigt, wie PROLOG die Länge einer Liste ermittelt:

```
which(X: LENGTH((a b c) X))
```

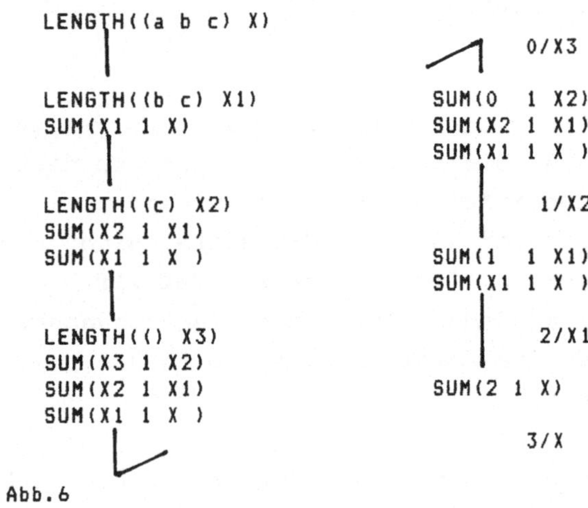

Abb.6

Aufgabe 2:

Es ist eine zweistellige Relation **fak**(X Y) zu definieren,
die zu jeder natürlichen Zahl x die Fakultät x! = 1 * 2 * ...* x
als Wert von Y liefert, z.B.:
which(x: fak(6 x)) ---> 720

Lösung:

Auf Grund der folgenden rekursiven Definition können wir x! für
jede natürliche Zahl berechnen:

1! = 1

x! = x * (x-1)! für alle x > 1

Z.B.: 4! = 4 * 3! = 4 * (3 * 2!) = 4 * (3 * (2 * 1!))
          = 4 * (3 * (2 * 1)) = 24

Übersetzt in eine PROLOG-Definition für das zweistellige
Prädikat **fak** erhalten wir mit der Prozedur **DIF** für die
Differenz zweier Zahlen:

```
fak(1 1)
fak(X Y) if
     LESS(1 X) and
     DIF(X 1 Z) and
     fak(Z x) and
     TIMES(x X Y)

DIF(X Y Z) if
     SUM(Y Z X)
```


Abb.7 zeigt den Beweisgraph zur Lösung der Frage
which(Y: fak(3 Y)):

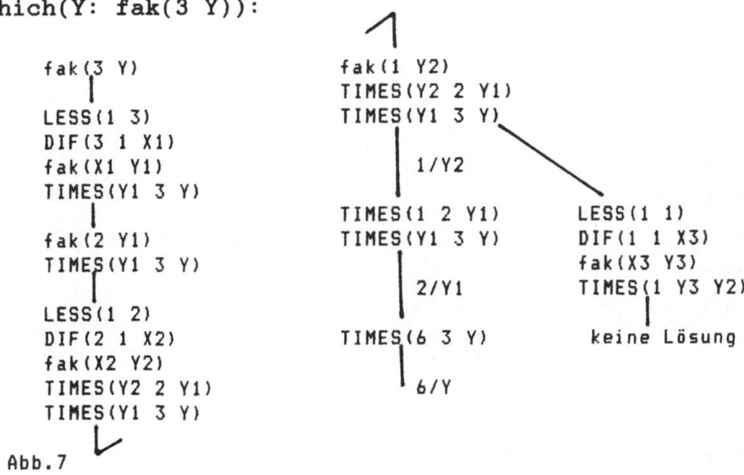

Abb.7

Nachdem die Lösung Y = 6 gefunden wurde, versucht das
Prologsystem durch Backtracking weitere Lösungen zu finden. Die
erste und einzige Chance bietet das Ziel "fak(1 Y2)". Nachdem
der Match mit der 1. Klausel von fak zu der Lösung X = 6 geführt
hat, versucht das System durch einen Match mit der 2. Klausel von
fak weitere Lösungen zu finden. Das scheitert jedoch wegen der
nicht lösbaren Bedingung LESS(1 1). Würde die Bedingung LESS(1
X) in der 2. Klausel von fak fehlen, so würde das System
vergeblich versuchen, fak(0 x), fak(-1 x), fak(-2 x) ... usw. zu
lösen. Von dem Effekt überzeuge sich der Leser!

Aufgabe 3:
Abb.8 zeigt den Stammbaum einer Person A. Er wird repräsentiert
durch 12 Fakten zu der Relation **ist-elter-von** (d.h. ist
Elternteil von).
a) Definieren Sie die beiden Relationen **ist-grosselter-von**
und **ist-urgrosselter-von**.
b) Definieren Sie die Relation **ist-vorfahre-von**.
c) Definieren Sie ein dreistelliges Prädikat **ahnenreihe**(X Y Z),
das zu zwei Personen X und Y, für die "Y ist-vorfahre-von X"
zutrifft, die Reihe der Ahnen als Liste Z ausgibt. Die Liste Z soll
mit X beginnen und mit Y enden.

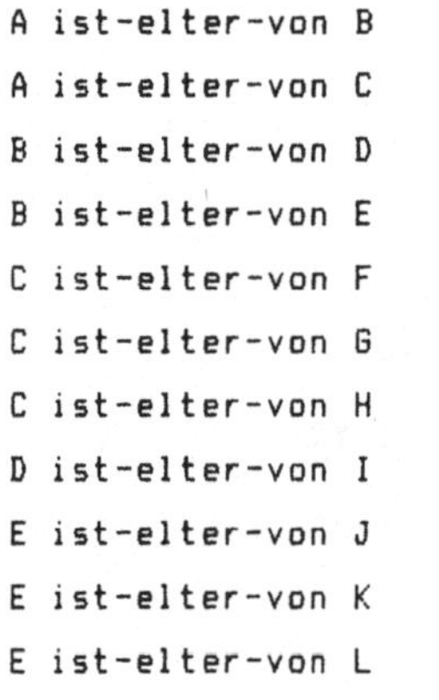

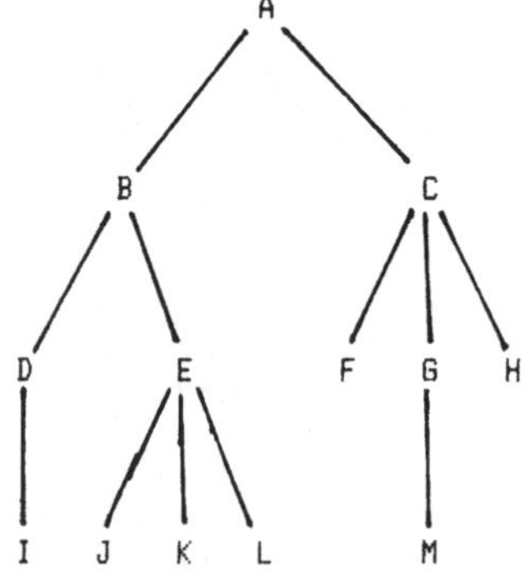

Abb.8

Lösung von a):

```
X ist-grosselter-von Y if
        X ist-elter-von Z and
        Z ist-elter-von Y

X ist-urgrosselter-von Y if
        X ist-elter-von Z and
        Z ist-grosselter-von Y
```

Lösung von b):

Wir geben zwei verschiedene rekursive Definitionen an, die zu
ihrem Verständnis keines weiteren Kommentars bedürfen:

1.Definition:	2.Definition

X ist-vorfahre-von Y if
    X ist-elter-von Y
	X ist-vorfahre-von Y if
	    X ist-elter-von Y

X ist-vorfahre-von Y if
    X ist-elter-von Z and
    Z ist-vorfahre-von Y
	X ist-vorfahre-von Y if
	    Z ist-elter-von Y and
	    X ist-vorfahre-von Z

Welche der beiden Definitionen ist für die folgenden beiden
Anfragen jeweils besser geeignet?

all(x: x ist-vorfahre-von M),

all(x: A ist-vorfahre-von x).

Lösung von c):

Wir erhalten die Ahnenreihe von X nach Y, indem wir den
Elternteil x von X bestimmen, sodann die Ahnenreihe Z von x nach
Y und anschließend X als erstes Element in die Ahnenreihe
einfügen. Unter Beachtung der Abbruchbedingung erhalten wir das
PROLOG-Programm:

```
ahnenreihe(X X (X))

ahnenreihe(X Y (X|Z) if
     x ist-elter-von X and
     ahnenreihe(x Y Z)
```

Eine Folge f(x) heißt **Fibonacci-Folge**, falls die ersten
beiden Folgeglieder vorgegeben sind, und wenn vom 3. Folgeglied
ab jedes Folgeglied die Summe der beiden vorhergehenden
Folgeglieder ist, z.B.: 3, 7, 10, 17, 27, 44, ...
Wir können die mit a und b beginnende Fibonacci-Folge f(x) wie
folgt rekursiv definieren:

f(1) = a,   f(2) = b
f(n) = f(n-1) + f(n-2) für n > 2.

Aufgabe 4:
Definieren Sie ein Prädikat **fib**(a b X Y), welches zu jeder
natürlichen Zahl X das X-te Glied der mit a und b beginnenden
Fibonacci-Folge als Wert von Y ausgibt.

Lösung:
Die obige rekursive Definition läßt sich wiederum unmittelbar in
eine Prolog-Definition für das Prädikat fib(a b X Y)
übersetzen:

```
  fib(X Y 1 X)

  fib(X Y 2 Y)

  fib(a b X Y) if
      LESS(2 X) and
      DIF(X 1 Z) and
      DIF(Z 1 x) and
      fib(a b Z y) and
      fib(a b x z) and
      SUM(y z Y) and
      (a b) vars
```

which(x: fib(3 7 5 x)) ---> 27

Anmerkungen
1. In der 3.Klause von **fib** haben wir von der Möglichkeit der
Variablendeklaration Gebrauch gemacht. Anstelle der
Variablen X, Y, Z,... kann man beliebige Wörter als Namen für
Variablen benutzen. In diesem Fall ist als letzte Zeile der
Klause eine Liste aller als Variablen verwendeter Namen als
Argument des einstelligen Prädikates **vars** anzufügen. (Es ist
hierbei üblich, die Postfix-Notation zu verwenden.)

2. Die angegebene rekursive Definition von **fib** ist zwar sehr
elegant, aber praktisch unbrauchbar, da sie außerordentlich
zeit- und speicheraufwendig ist. Der Grund liegt in dem
doppelten rekursiven Aufruf. Wir machen uns dieses am Beispiel
der Fibonacci-Folge mit den Anfangsgliedern 0 und 1 deutlich. In
dem Baum der Abb. 9 bezeichnet FIB(X) den Funktionswert Y, den
das Prädikat fib(0 1 X Y) zu dem Argument X liefert.

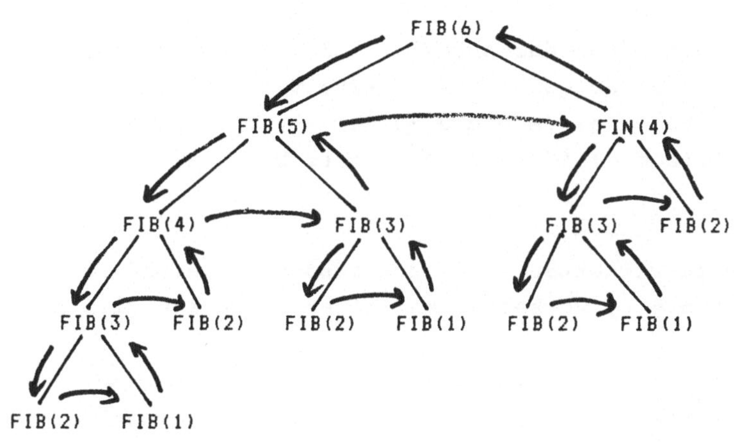

Abb.9

Die Pfeilkette gibt die Reihenfolge an, in welcher der Baum
durchlaufen wird. Man erkennt, daß z.B. das 3. Folgeglied
dreimal berechnet werden muß. Das Beispiel soll zeigen, daß
rekursive Definitionen nicht immer praktikabel sind. In 1.8.
werden wir eine sehr effiziente **iterative** Lösung derselben
Aufgabe kennen lernen.

1.8. Rekursive Prozeduren auf Listen

In diesem Unterkapitel werden wir einige wichtige Prozeduren für
die Verarbeitung von Listen definieren. Da wir sie für spätere
Programme benötigen, werden wir ihnen Namen aus großen
Buchstaben geben. Dem Leser diene dieses Kapitel zur Einübung
der rekursiven Definition von PROLOG-Prädikaten.

Aufgabe 1:
Definieren Sie eine Prozedur APPEND(X Y Z), welche zwei
Listen X und Y zu einer neuen Liste **verkettet**, z.B.:
is(APPEND((a b c) (d e) (a b c d e))) ---> YES
which(X: APPEND((a b c) (d e) X)) ---> (a b c d e)

Lösung:
Um zwei Listen zu verketten, unterscheiden wir zwei Fälle:
(1) Die leere Liste () verkettet mit einer Liste X ergibt die
Liste X.
(2) Um eine nicht leere Liste (X¦Y) mit einer Liste Z zu
verketten, verketten wir die Restliste Y mit Z zu einer Liste x
und bilden anschließend die Liste (X¦x).
Dieser prozeduralen Beschreibung des Prädikates APPEND
entspricht die folgende PROLOG-Definition:

```
APPEND( () Y Y)

APPEND( (X¦Y) Z (X¦x)) if
   APPEND(Y Z x)
```

Anmerkung: Das Prädikat APPEND ist in der Programmierumgebung
SIMPLE bereits definiert. Daher erhalten Sie die Fehlermeldung
"cannot add sentence for APPEND", falls Sie versuchen, die
beiden obigen Klausen von APPEND einzugeben. Sie können das
Prädikat mit "LIST APPEND" in der Standardsyntax auslisten.
Geben Sie die Klause dict(APPEND) ein, so wird APPEND in das
Inhaltsverzeichnis der definierten Prädikate aufgenommen. Sie
können APPEND nun durch "list APPEND" in der Simple-Syntax
auslisten.

Die folgenden Beispiele zeigen die verschiedenen
Anwendungsmöglichkeiten von APPEND:
a) which(X: APPEND((a b c) (d e) X))   ---> (a b c d e)
b) which(X: APPEND((a b c) X (a b c d e))) ---> (d e)
c) which(X: APPEND(X (d e) (a b c d e)))   ---> (a b c)
d) all(X Y: APPEND(X Y (a b c d e)))   --->
() (a b c d e)
(a) (b c d e)
(a b) (c d e)
(a b c) (d e)
(a b c d) (e)
(a b c d e) ()

Für den Fall c) zeigt Abb. 10 den Beweisgraph. Machen Sie sich
in jedem Schritt die Variablensubstitutionen klar.

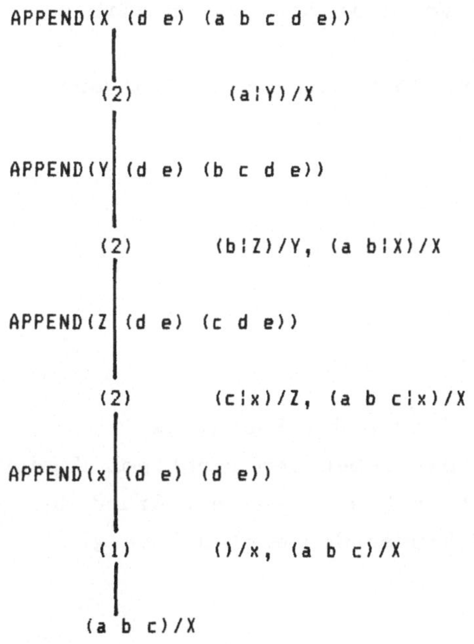

Abb.10

Aufgabe 2:

Gesucht ist eine Prozedur REMOVE(X Y Z), die ein Objekt X
aus einer Liste Y entfernt, und zwar an jeder Stelle, an der X
in Y vorkommt, z.B.:

which(x: REMOVE(C (A C B C D E C) x)) ---> (A B D E),

which(x: REMOVE(C (A B D E) ---> (A B D E)

Lösung:

Wir unterscheiden drei Fälle:

(1) Falls Y die leere Liste ist, ist auch die Ergebnisliste Z
die leere Liste.

(2) Falls das Objekt X als erstes Element in der Liste Y
vorkommt, so erhält man Z, indem man X aus der Restliste von Y
entfernt.

(3) Falls X nicht als erstes Element in der Liste Y vorkommt, so
erhält man Z, indem man X aus der Restliste von Y entfernt und
anschließend das erste Element von Y in die Ergebnisliste
einfügt.

Diese "prozedurale" Beschreibung läßt sich in das folgende
PROLOG-Programm übersetzen:

```
REMOVE(X ()())

REMOVE(X (X¦Y) Z) if
    REMOVE(X Y Z)

REMOVE( X (Y¦Z) (Y¦x)) if
    not EQ(X Y) and
    REMOVE(X Z x)
```

Anmerkung: Falls man in der 3. Klause die Bedingung
"not EQ(X Y)" fortläßt, erhält man neben dem richtigen Ergebnis
einige falsche Resultate. Erklären Sie dieses auf Grund des
Backtracking, welches nach dem Finden der ersten Lösung
einsetzt.

Aufgabe 3:

Definieren Sie eine Prozedur SUBST(X Y liste1 liste2), die das
Objekt Y, überall wo es in liste1 als Element vorkommt, durch
das Objekt X ersetzt und liste2 ausgibt.

Lösung:

Die Struktur dieser Aufgabe ist ähnlich der von Aufgabe 2. Die
folgende Definition ist daher leicht verständlich:

```
SUBST(X Y () ())

SUBST(X Y (Y¦Z) (X¦x)) if
     SUBST(X Y Z x)

SUBST(X Y (Z¦x) (Z¦y)) if
     not EQ(Y Z) and
     SUBST(X Y x y)
```

Aufgabe 4:

Definieren Sie ein Prädikat **TEILLISTE**(X Y), das auf zwei
Listen X und Y genau dann zutrifft, wenn X eine Teilliste von Y
ist. Wir nennen die Liste X eine Teilliste der Liste Y, wenn die
Liste Y aus der Liste X durch Einfügen beliebig vieler weiterer
Elemente entsteht. Z.B.:
is(TEILLISTE(() (a b c)) ---> YES
is(TEILLISTE((d g k) (a b k d f g d k)) ---> YES

Lösung:

(1) X ist TEILLISTE von Y, wenn X die leere Liste ist.
(2) X ist Teilliste von Y, wenn die ersten Elemente beider
Listen übereinstimmen und die Restliste von X eine Teilliste der
Restliste von Y ist.
(3) X ist Teilliste von Y, wenn X nicht leer und eine Teilliste
der Restliste von Y ist.

```
TEILLISTE(() X)

TEILLISTE((X¦Y) (X¦Z)) if
     TEILLISTE(Y Z)

TEILLISTE((X¦Y)(Z¦x)) if
     not EQ(X Z) and
     TEILLISTE((X¦Y) x))
```

Ergänzungen:

1. Wir haben das Prädikat TEILLISTE als Prüfprädikat definiert und stellen erfreut fest, daß es auch zur Generierung aller Teillisten einer gegebenen Liste geeignet ist, z.B.:
all(x: TEILLISTE(x (b c d))
(b c d), (b c), (b d), (b), (c d), (c), (d), ()

2. Ersetzt man in der letzten Klause den Term (X¦Y) durch X, so ist die Definition weiterhin logisch korrekt. Ein Match mit dieser Klause findet jetzt aber auch dann statt, wenn X die leere Liste ist. Infolgedessen werden bei der Erzeugung der Teilmengen einer Menge einige Teilmengen mehrfach ausgegeben.

In 1.6 haben wir die Mengenoperationen **schnitt**, **dif** und **vereinigung** mit Hilfe von **isall** und **or**, sowie die Mengeninklusion mit Hilfe von **forall** definiert. Wir hatten bereit darauf hingewiesen, daß durch isall die Reihenfolge der Elemente revertiert wird. Das letztere wird vermieden, wenn wir die Mengenverknüpfungen rekursiv definieren. Die neu zu definierenden Prädikate bezeichnen wir für spätere Verwendung mit Großbuchstaben.

Aufgabe 4:
Definieren sie rekursiv die Prädikate
SCHNITT(X Y Z) zur Erzeugung der Schnittmenge Z zweier Mengen X und Y, z.B.:
which(x: SCHNITT((a b c d)(f e d c) x)) ---> (c d),
DIFMENGE(X Y Z) zur Erzeugung der Differenzmenge Z zweier Menge X und Y, z.B.:
which(x: DIFMENGE((a b c d)(f e d c) x)) ---> (a b),
VEREINIGUNG(X Y Z) zur Erzeugung der Vereinigung zweier Mengen X und Y, z.B.:
which(x: VEREINIGUNG((a b c d)(f e d c) x)) ---> (a b c d f e),

TEILMENGE(X Y) zur Prüfung, ob X Teilmenge von Y ist, z.B.:
is(TEILMENGE((f a c) (a b c d e f g))) ---> YES,
FREMD(X Y) zur Prüfung, ob X und Y elementefremde Mengen
sind, z.B.:
is(FREMD((a b c)(e f g h)) ---> YES.

Lösung:

```
SCHNITT(() X ())

SCHNITT((X¦Y) Z (X¦x)) if
      ON(X Z) and
      SCHNITT(Y Z x)

SCHNITT((X¦Y) Z x)) if
      not ON(X Z) and
      SCHNITT(Y Z x)

DIFMENGE(() X ())

DIFMENGE((X¦Y) Z x)) if
      ON(X Z) and
      DIFMENGE(Y Z x)

DIFMENGE((X¦Y) (X¦x)) if
      not ON(X Z) and
      DIFMENGE(Y Z x)

VEREINIGUNG(() X X))

VEREINIGUNG((X¦Y) x)) if
      ON(X Z) and
      VEREINIGUNG(Y Z x)

VEREINIGUNG((X¦Y) Z (X¦x) if
      not ON(X Z) and
      VEREINIGUNG(Y Z x)

TEILMENGE(() X)

TEILMENGE((X¦Y) Z) if
      ON(X Z) and
      TEILMENGE(Y Z)

FREMD(() X)

FREMD((X¦Y) Z) if
      not(ON X Z) and
      FREMD(Y Z)
```

1.9. Iterative Problemlösungen

Für die Definition von PROLOG-Prädikaten spielt die
rekursive Definition - wie wir an vielen Beispielen gesehen
haben - eine hervorragende Rolle. Insbesondere kommt sie dem
Anspruch von PROLOG entgegen, eine überwiegend **deklarative**
Sprache zu sein. Bezüglich Rechenzeit und Speicherplatzbedarf
sind rekursive Verfahren jedoch den **iterativen** Verfahren
gelegentlich erheblich unterlegen. Darüber hinaus gibt es
Prozeduren, die einer rekursiven Definition nur schwer
zugänglich sind. Deshalb stellt sich die Frage, in welcher Weise
iterative Prozesse in PROLOG definiert werden können. Es wird
sich zeigen, daß zur Definition iterativer Prozesse ebenfalls
ein **rekursiver** Prozeduraufruf erforderlich ist. Trotzdem
wollen wir hier nicht von einer **rekursiven**, sondern von
einer **iterativen** Definition sprechen.

In Aufgabe 4 von 1.7. haben wir eine rekursive, aber praktisch
unbrauchbare Definition des Prädikates **fib**(a b N F) zur
Berechnung des N-ten Gliedes der mit a und b beginnenden
Fibonacci-Folge kennengelernt. Eine iterative Problemlösung zur
Berechnung der Folgeglieder für die Fibonacci-Folge mit den
Anfangsgliedern 3 und 7 ist durch die nachstehende **Tabelle**
veranschaulicht. Zu jeder natürlichen Zahl in der Spalte X
findet man in der Spalte Y den Funktionswert der Folge. In der
Spalte Z findet man das X+1-te Folgeglied. Die letzte Spalte N
enthält das (konstante) Argument N, für welches der
Funktionswert berechnet werden soll, und welches mit X = N die
Abbruchbedingung liefert. Jede Zeile der Tabelle läßt sich aus
der vorhergehenden Zeile berechnen, die erste Zeile ist gegeben.

X	Y	Z	N
1	3	7	5
2	7	10	5
3	10	17	5
4	17	27	5
5	27	44	5

Aufgabe 1:

a) Definieren Sie zunächst ein vierstelliges Prädikat
fib-iter(X Y Z N), welches beim Aufruf:
"is(fib-iter(1 3 7 5))" die ersten fünf Zeilen der Tabelle
ausdruckt.

b) Erweitern Sie fib-iter zu einem 5-stelligen Prädikat
fib-iter(X Y Z N F), welches nach Beendigung des Verfahrens
das N-te Folgeglied Y der Variablen F (zur Weiterverwendung)
übergibt. Streichen Sie die Druckanweisungen. Beispielaufruf:
which(x: fib-iter(1 3 7 5 x) ---> 27.
Definieren Sie nun mit Hilfe von fib-iter das Prädikat
fib(a b N F), welches zu jedem N das N-te Folgeglied der
Fibonacci-Folge mit den Anfangsgliedern a und b liefert, z.B.:
which(x: fib(3 7 5 x) ---> 27.

Lösung a):

Die Definition von **fib-iter** besteht aus zwei Klausen. Die
zweite Klause beschreibt den Übergang von einer beliebigen Zeile
der Tabelle zur folgenden Zeile. Die erste Klause beschreibt die
Abbruchbedingung.

```
fib-iter(N Y Z N) if
     PP(N Y Z) and
     (N)vars

fib-iter(X Y Z N) if
     LESS(X N) and
     PP(X Y Z) and
     SUM(X 1 x) and
     SUM(Y Z y) and
     fib-iter(x Z y N) and
     (N)vars
```

Lösung b):

```
fib-iter(N F Z N F) if
     (N F)vars
```

```
fib-iter(X Y Z N F) if
    LESS(X N) and
    SUM(X 1 x) and
    SUM(Y Z y) and
    fib-iter(x Z y N F) and
    (N F)vars

fib(a b N F) if
    fib-iter(1 a b N F) and
    (a b N F)vars
```

Aufgabe 2:

Definieren Sie eine iterative Prozedur **fak**(N F), welche zu
jeder natürlichen Zahl N die Fakultät N! berechnet und an die
Variable F übergibt (vgl. Aufgabe 2 in 1.7).

Lösung:

Die nachstehende Tabelle repräsentiert den iterativen Prozess
zur Berechnung von 5!. Die Hilfsprozedur fak-iter(X Y N) wird
mit dem Inhalt der ersten Zeile aufgerufen und gibt an, wie man
aus jeder Zeile die nachfolgende Zeile erhält.

```
X    Y    N
----------
1    1    5
2    2    5
3    6    5
4   24    5
5  120    5
```

```
fak-iter(N F N F) if
    (N F)vars

fak-iter(X Y N F) if
    LESS(X N) and
    SUM(X 1 Z) and
    TIMES(Z Y x) and
    fak-iter(Z x N F) and
    (N F)vars

fak(N F) if
    fak-iter(1 1 N F) and
    (N F)vars
```

Aufgabe 3:
Definieren Sie eine iterative Prozedur REVERSE(L1 L2), welche zu
einer Liste L1 eine Liste L2 erzeugt, deren Elemente in
umgekehrter (revertierter) Reihenfolge angeordnet sind.

Lösung:

```
     X        Y
---------------------
(a b c d)    ()
  (b c d)    (a)
    (c d)    (a b)
      (d)    (a b c)
      ()     (a b c d)

  rev-iter(() X X)

  rev-iter((x|X) Y Z) if
       rev-iter(X (x|Y) Z)

  REVERSE(L1 L2) if
       rev-iter(L1 () L2) and
       (L1 L2)vars
```

Mit Hilfe von APPEND kann man leicht eine rekursive Definition
von REVERSE angeben. Diese ist jedoch wesentlich weniger
effizient als die hier angegebene iterative Definition.

Aus den drei Beispielen wird die Methode zur Definition einer
iterativen Prozedur deutlich:
1. Man repräsentiere die Prozedur durch eine Tabelle.
2. Man definiere eine aus zwei Klausen bestehende Hilfsprozedur,
derart daß folgendes gilt:
- Jedem Eingang der Tabelle entspricht eine Variable der
Prozedur. Hinzu kommt eine weitere Variable, an die nach
Erfüllung der Abbruchbedingung der iterativ erzeugte Wert
übergeben wird.
- Die zweite Klause der Prozedur beschreibt den Prozess, der aus
irgend einer Zeile der Tabelle die nachfolgende Zeile erzeugt.
- Die erste Klause der Prozedur definiert die Abbruchbedingung.
3. Man definiere die Hauptprozedur derart, daß diese die
Hilfsprozedur mit der ersten Zeile der Tabelle aufruft.

1.10. Eingriff in die Kontrollstruktur

1.10.1. Unerwünschtes Backtracking

Der wesentliche Vorzug von PROLOG gegenüber anderen
Programmiersprachen der "Künstlichen Intelligenz" ist die
Fähigkeit zum automatischen Backtracking. Wie das folgende
Beispiel zeigt, kann diese Automatik in manchen Situationen aber
auch hinderlich sein.

Aufgabe:

Gesucht ist eine Prozedur MENGE(X Y), die eine Liste X zu
einer Menge Y reduziert, d.h.: Falls in X ein Element mehrfach
vorkommt, so soll in Y nur ein Exemplar dieses Elementes
vorkommen, z.B.:
which(x: MENGE((a b a c b a) ---> (a b c)

Lösung:

Die folgende unmittelbar durchschaubare rekursive Definition
bietet sich an:

```
MENGE((X)(X))

MENGE((X¦Y) Z) if
     ON(X Y) and
     MENGE(Y Z)

MENGE((X¦Y)(X¦Z)) if
     not ON(X Y) and
     MENGE(Y Z)
```

Solange jedes Element der Liste X nur höchstens zweimal
vorkommt, wird die reduzierte Liste Y genau einmal ausgegeben.
Kommt ein Element jedoch wenistens dreimal vor, so wird die
rezuzierte Liste mehrfach ausgegeben, z.B.:
which(x: MENGE((a b a b a) ---> (a b), (a b)
Der Grund liegt darin, daß nach Aufruf der zweiten Klausel die
Aussage ON(a (b a b a)) auf zweierlei Weise verifizierbar ist.
Einerseits ist a mit dem zweiten Element der Liste (b a b a)
identisch, andererseits auch mit dem vierten Element der Liste.

Auf Grund des bei einer which-Frage stets einsetzenden
Backtrackings wird auch die zweite Verifikationsmöglichkeit
gefunden und führt zur doppelten Ausgabe derselben Lösung.

Micro-PROLOG verfügt für diesen Fall über zwei Möglichkeiten zur
Verhinderung dieses unerwünschten Backtrackings:

```
MENGE((X¦Y) Z) if            MENGE((X¦Y) Z) if
     ON ! (X Y) and               ON(X Y) and
     MENGE(Y Z)                   / and
                                  MENGE(Y Z)
```

Im ersten Fall wurde das Ausrufezeichen "!" hinter den
Prädikatnamen "ON" eingefügt. Im zweiten Fall wurde das Zeichen
"/" (im Englischen auch "Cut" genannnt) als Name eines
nullstelligen PROLOG-Prädikates eingefügt.

1.10.2. Gebrauch und Wirkung von "!" und "/"

Wir erläutern Gebrauch und Wirkung von "!" und "/" an einem
etwas künstlichen Beispielprogramm, das nur der Demonstration
dient:

Beispiel:
Ein aus zwei Klausen bestehendes Prädikat **rel(X Y)** sei wie
folgt definiert:

```
rel(X Y) if
     X ON (A B) and
     Y ON (a b)

rel(X Y) if
     X ON (u v) and
     Y ON (u v)
```

```
all((X Y): rel(X Y)) ---> (A a), (A B), (B a), (B b)
                          (u u), (u v), (v u), (v v)
```

Der Beweisbaum in Abb. 11a zeigt, wie die acht Lösungen durch
Backtracking gefunden werden:

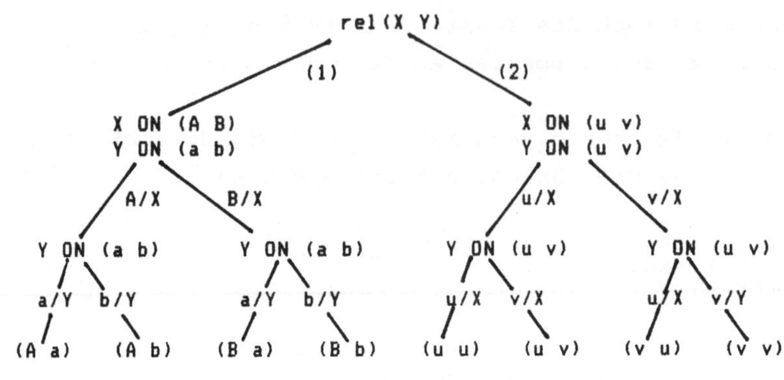

Abb.11a

Anwendung von "!": Wir wenden "!" auf die erste Bedingung
der ersten Klause von **rel** an, indem wir "!" zwischen
Prädikatnamen und Argumentliste einfügen. (Dazu ist die
Präfixnotation des Prädikats erforderlich!) Wir erhalten das
folgende variierte Programm:

```
rel(X Y) if
     ON !(X (A B)) and
     ON  (Y (a b)

rel(X Y) if
     ON (X (u v)) and
     ON (Y (u v))
```

```
all((X Y): rel(X Y)) ---> (A a), (A B),
                          (u u), (u v), (v u), (v a)
```

Die Wirkung von "!" besteht darin, daß die mit "!" versehene
Bedingung beim Backtracking übergangen wird. Als Beitrag für die
Menge aller Lösungen liefert sie daher nur die als erste
gefundene Lösung A/X. Abb.11b zeigt den durch "!" beschnittenen
Beweisbaum.

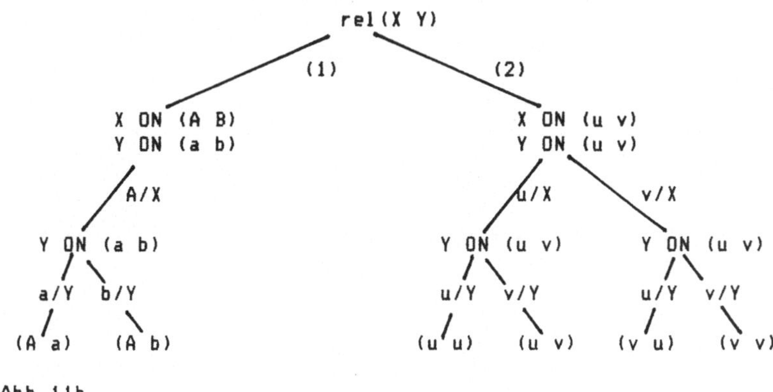

Abb.11b

Generell bewirkt die Anwendung von "!" in einer Bedingung, daß
diese beim Backtracking übergangen wird und - sofern sie
überhaupt erfüllbar ist- nur eine einzige Lösung liefert.

Anwendung des Cut: Wir ändern das ursprüngliche Programm ab,
indem wir den Cut in der ersten Klause von **rel** zwischen die
beiden Bedingungen einfügen:

```
rel(X Y) if
     X ON (A B) and
     / and
     Y ON (a b)

rel(X Y) if
     X ON (u v) an
     Y ON (u v)
```

Abb.11c zeigt die Wirkung von "/" für den Aufruf:
all((X Y): rel(X Y)) ---> (A a) (A B)
Wie man erkennt, werden durch den Cut alle Zweige des zu **rel**
gehörenden Baumes abgeschnitten, die im Beweisbaum **oberhalb**
des Cut ausgehen.

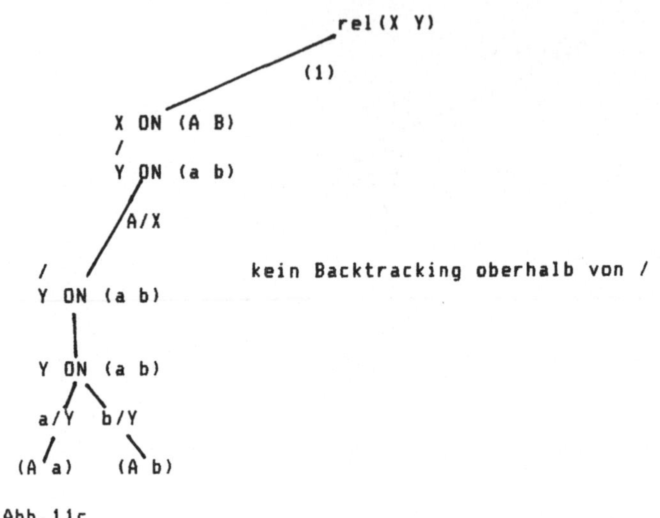

Abb.11c

Allgemein ist die Wirkung des Cut innerhalb der Definition einer
Relation **rel** bei einem **is**-Aufruf die folgende:
Wird die den Cut enthaltene Klause von **rel** aufgerufen, so
versucht das System zunächst wie üblich alle Bedingungen zu
erfüllen, die **vor** dem Cut stehen, wobei in üblicher Weise
Backtracking zu vorhergehenden Bedingungen stattfinden kann.
Gelingt dieses nicht, so bricht die Auswertung der Klause wegen
Nichterfüllbarkeit ab, ohne daß der Cut zum Zuge gekommen ist.
Sind weitere Klausen von rel vorhanden, so werden diese
probiert. Sind hingegen alle Bedingungen der Klause vor dem Cut
erfüllt worden, so wird auch der Cut als "erfüllt" ausgewertet,
und das System versucht, nun alle nachfolgenden Bedingungen zu
erfüllen. Ein gegebenenfalls hier notwendig werdendes
Backtracking findet nun jedoch am Cut eine zweifache Barriere:

1. Bedingungen **vor** dem Cut stehen für Backtracking
   nicht mehr zur Verfügung.
2. **Nachfolgende** Klausen von **rel** werden zur
   Lösungsfindung nicht probiert.

Sind somit die nach dem Cut vorkommenden Bedingungen nicht
erfüllbar, so wird das gesamte Prädikat **rel** als nicht
erfüllbar gewertet.
Bei einem **all**-Aufruf ist die Wirkung des Cut für das Finden
weiterer Lösungen völlig entsprechend.

Der Leser mache sich nunmehr klar, daß sowohl die Anwendung von
"!" als auch die Anwendung des Cut das unerwünschte Backtracking
in der Definition von MENGE (vgl. 1.10.1) verhindern können.
Während die Wirkung von "!" völlig klar ist, bedarf es einiger
Übung, um die Wirkung des Cut zu durchschauen, und diesen
gegebenenfalls richtig anzuwenden. Den sinnvollen Gebrauch von
"!" und "/" werden wir bei passenden Gelegenheiten erläutern.

Man kann den Cut benutzen, um bei einer oder mehreren
Fallunterscheidungen die Negation von Bedingungen zu ersparen.
Betrachten wir als ein einfaches Beispiel die Definition des
Prädikates SCHNITT in 1.9. Hier kann man in der dritten Klause
die Bedingung "not ON(X Z)" fortlassen, wenn man in der zweiten
Klause einen Cut setzt:

```
SCHNITT(() X ())

SCHNITT((X¦Y) Z (X¦x)) if
     ON(X Y) and
     /   and
     SCHNITT(Y Z x)

SCHNITT((X¦Y) Z x) if
     SCHNITT(Y Z x)
```

Der Cut verhindert, daß die dritte Klause angewendet wird, falls
X ein Element von Y ist. Dabei wird nun aber die Reihenfolge der
beiden letzten Klausen wesentlich. Vom Standpunkt des "logischen
Programmierens" ist diese Technik abzulehnen. Sie sollte deshalb
allenfalls dann angewendet werden, wenn die durch den Fortfall
der negierten Klause ersparte Rechenzeit erheblich ins Gewicht
fällt, was im obigen Beispiel nicht der Fall ist.

2. Beispiele aus verschiedenen Bereichen

2.1. Quadratwurzel und quadratische Gleichungen

Micro-PROLOG verfügt gegenüber anderen Dialekten von PROLOG zwar
über den Datentyp der Dezimalzahlen, aber nicht über reelle
Funktionen wie Quadratwurzelfunktion, Exponentialfunktion oder
Logarithmusfunktion. Obwohl wir diese Funktionen im folgenden
nicht benötigen, wollen wir am Beispiel der Quadratwurzel
zeigen, wie man reelle Funktionen mit Hilfe iterativer Verfahren
definieren kann.

2.1.1. Quadratwurzel

Gesucht ist ein PROLOG-Prädikat SQRT(A Y), das zu jeder
nicht-negativen Zahl A einen Näherungswert der Quadratwurzel von
A als Wert von Y ausgibt. Wie üblich, wählen wir als
Lösungsverfahren das **Heronsche** Iterationsverfahren.
Beginnend mit einer beliebigen positiven Zahl $y1$ liefert dieses
Verfahren mit Hilfe der Rekursionsformel:
$yn = (yn-1 + A/yn-1)/2$ eine Folge $y1$, $y2$,...yk, die sehr rasch
gegen die Quadratwurzel von A konvergiert. Bei der praktischen
Realisierung auf einem Rechner ändert sich der Folgewert von
einer bestimmten (aber von A abhängigen) natürlichen Zahl k
nicht mehr. Deispielsweise erhalten wir bei einer Genauigkeit
von acht Ziffern für A = 17 und dem Anfangswert $y1$ = 17 die
monoton fallende Näherungsfolge:

```
17
 9
 5.444444
 4.2834466
 4.1261066
 4.1231067
 4.1231056
 4.1231056
usw.
```

Aufgabe 1

Definieren Sie eine Prozedur SQRT(A Y), welche zu einer
beliebigen positiven Zahl A die Quadratwurzel mit höchst-
möglicher Genauigkeit als Wert von Y ausgibt.

Lösung:

Man könnte leicht eine rekursive Prozedur definieren, die zu
jeder natürlichen Zahl n den n-ten Näherungswert der Folge
liefert. Für das gestellte Problem ist das jedoch uninteressant,
da man den Wert von n nicht kennt, von dem ab die Folge
(praktisch) konstant ist. Wir wählen daher ein **iteratives**
Verfahren, das wir uns wie gewohnt mit Hilfe einer Tabelle
klarmachen:

A	X	Y	Z
17	17	-	-
	9	17	-
	5.444444	9	-
	4.2834466	5.444444	-
	4.1261066	4.2834466	-
	4.1231067	4.1261066	-
	4.1231056	4.1231067	-
	4.1231056	4.1231056	4.1231056

Da wir für die Abbruchbedingung auch den jeweils alten
Näherungswert aufheben müssen, benötigen wir die beiden Spalten
X und Y. Die Spalte Z ist erforderlich, um den berechneten Wert
nach Abbruch des Verfahrens übergeben zu können. Als Anfangswert
wählen wir stets die Zahl A, zu der die Wurzel berechnet werden
soll. Dem Aufbau der Tabelle entsprechend definieren wir ein
Prädikat **sqrt-iter** mit vier Argumenten:

```
sqrt-iter(A X X X) if
    (A)vars
```

```
sqrt-iter(A X Y Z) if
     (either VAR(Y) or not EQ(X Y)) and
     PP(*** X) and
     neuwert(A X x) and
     sqrt-iter(A x X Z) and
     (A) vars
```

Anmerkung: Da die Variable Y beim Aufruf von **sqrt-iter**
nicht belegt ist, wird in der ersten Bedingung der zweiten
Klause geprüft, ob Y entweder eine Variable oder aber von X
verschieden ist. Beachten Sie, daß die Bedingung E(X Y) immer
erfüllt wird, falls Y eine nicht belegte Variable ist. Man kann
die ganze or-Bedingung auch fortlassen, wenn man am Ende der
ersten Klause einen Cut einfügt (vgl.1.1.10).

Zur Verfolgung des Prozesses haben wir die Druckanweisung
PP(*** X) eingefügt. Als Unterprozedur benötigen wir das
dreistellige Prädikat **neuwert**(A alt neu), welches gemäß der
Formel: neu = (alt + A/alt)/2 zu dem alten Näherungswert **alt**
den neuen Näherungswert **neu** liefert:

```
neuwert(A alt neu) if
     TIMES(X alt A) and
     SUM(X alt Y) and
     TIMES(0.5 Y neu)
     (A alt neu) vars
```

which(x: neuwert(9 x))   ---> 5.444444

Für das gesuchte Prädikat SQRT erhalten wir schließlich:

```
SQRT(X Y) if
     sqrt-iter(X X Z Y)
```

2.1.2. Lösungsmenge einer quadratischen Gleichung
Jede quadratische Gleichung kann man in der Normalform
$x^2 + px + q = 0$
darstellen. Hier sind p und q beliebige reelle Parameter.

Die Lösungsmenge L hängt von der **Diskriminante**
$D = (p/2)^2 - q$ ab:
  für $D < 0$ gilt $L = \{ \ \}$,
  für $D = 0$ gilt $L = \{ - p/2\}$
  für $D > 0$ gilt $L = \{ -p/2 + SQRT(D), -p/2 - SQRT(D)\}$.

Aufgabe 2:

Definieren Sie eine Prozedur **quadr-gl**(p q L), die zu
gegebenem p und q die Lösungsmenge L einer quadratischen
Gleichung der Form $x^2 + px + q = 0$ ausgibt.

Lösung:

Wir definieren die Prozedur quadr-gl(p q L) mit Hilfe der
Unterprozeduren **diskr**(p q D) und **qu-gl**(p D L) wie folgt:

```
quadr-gl(p q L) if
     diskr(p q D) and
     qu-gl ! (p D L)
     (p q D L)vars

diskr(p q D) if
     TIMES(0.5 p X) and
     TIMES(X X Y) and
     SUM(D q Y) and
     (p q D)vars

qu-gl(p D ()) if
     LESS(D 0) and
     (p D)vars

qu-gl(p D (X)) if
     EQ(D 0) and
     TIMES(-0,5 p X) and
     (p D)vars

qu-gl(p D (X Y)) if
     LESS(0 D) and
     TIMES(-0.5 p Z) and
     SQRT(D x) and
     SUM(Z x X) and
     DIF(Z x Y) and
     (p D)vars
```

Hier berechnet **diskr**(p q D), zu p und q die Diskriminante D,
und qu-gl(p D L) aus p und D die Lösungsmenge.

2.2. Primzahlen

2.2.1. Prüfung einer Zahl auf Primzahleigenschaft

Aufgabe 1:
Gesucht ist ein Prädikat **prim(X)**, welches prüft, ob eine
natürliche Zahl eine Primzahl ist oder nicht, z.B.:
is(prim(97)) ---> YES

1. Lösung:
Wir versuchen, die folgenden Definitionen der Begriffe
Primzahl und **teilt** in eine PROLOG-Definition zu
übersetzen:
(a) Die Zahl 2 ist eine Primzahl.
   Eine Zahl N > 2 heißt Primzahl, wenn sie durch keine der
   Zahlen zwischen 1 und N (ausschließlich) teilbar ist.
(b) X teilt Y , falls es eine natürliche Zahl Z gibt, mit
   X * Z = Y.

```
  prim(2)

  prim(X) if
        (forall LESS(1 Y) and LESS(Y X) then not teilt(Y X))

  teilt(X Y) if
        TIMES(X Z Y) and
        INT(Z)
```

Diese Definition von **prim** liefert jedoch kein lauffähiges
Programm, und zwar wegen unzulässiger Anwendung des Prädikates
LESS. Dieses kann nur als Prüfprädikat verwendet werden,
nicht jedoch zur Generierung von Zahlen. Wir ändern daher die
zweite Klausel in der Definition von **prim** wie folgt ab:

```
  prim(X) if
        LESS(2 X) and
        DIF(X 1 Y) and
        abschnitt(2 Y Z) and
        (forall x ON Z then not x teilt X)
```

Hier ist **abschnitt**(X Y Z) eine Prozedur, die zu zwei
natürlichen Zahlen X und Y mit X kleinergleich Y den Abschnitt
aller natürlichen Zahlen zwischen X und Y (einschließlich)
erzeugt, z.B.:
which(x: abschnitt(5 12 x)) ---> (5 6 7 8 9 10 11 12).
Die neu definierte Klause von prim erzeugt nun zu der
eingegebenen natürlichen Zahl N (falls N > 2) den Abschnitt
(2 3 4 N-1). Anschließend stellt sie sicher, daß keine der
Zahlen dieses Abschnittes Teiler von N ist. Die Prozedur
abschnitt(X Y Z) können wir rekursiv definieren:

```
  abschnitt(X X (X))

  abschnitt(X Y (X¦Z)) if
        X LESS Y and
        SUM(X 1 x) and
        abschnitt(x Y Z)
```

Die zweite Klause dieser Definition können wir wie folgt lesen:
(X¦Z) ist der Abschnitt von X bis Y, falls Z der Abschnitt
von X+1 bis Y ist.

Verbesserung des Programms:
Tatsächlich brauchen wir uns nicht bei **allen** Zahlen zwischen
2 und N-1 zu vergewissern, daß sie keine Teiler von N sind.
Vielmehr genügt es offensichtlich, wenn wir diese Prüfung (bei 2
beginnend) bis zu der ersten Zahl durchführen, deren Quadrat
größer als N ist. Mit Hilfe der in 2.1.1 definierten Prozedur
SQRT(X Y), welche uns zu jeder nicht-negativen Zahl X die
Quadratwurzel liefert, brauchen wir dann nur den Abschnitt von 2
bis Wurzel N zu generieren. Wir verzichten auf eine
Realisierung, da die folgende Lösung auch ohne Benutzung der
Quadratwurzel diese Verbesserung berücksichtigt.

2. Lösung:
Für große Zahlen ist es wenig zweckmäßig, einen Zahlenabschnitt
als Liste zu generieren, bevor die Prüfung auf Teilbarkeit
beginnt. Wir können das vermeiden, indem wir ein Hilfsprädikat

prz(X Y) definieren, das genau dann zutrifft, wenn keine
der Zahlen von X bis Z die Zahl Y teilt. Hier ist Z die kleinste
Zahl, deren Quadrat größer als Y ist. Wir können dann **prim**
und **prz** wie folgt definieren:

```
prim(2)

prim(X) if
     LESS(2 X) and
     prz(2 X)

prz(X Y) if
     TIMES(X X Z) and
     LESS(Y Z)

prz(X Y) if
     not X teilt Y and
     SUM(X 1 Z) and
     prz(Z Y)
```

Beispiele:
is(prz(2 17) ---> YES
is(prz(5 32) ---> NO

2.2.2. Alle Primzahlen innerhalb eines Abschnittes

Aufgabe 2:
Definieren Sie mit Hilfe des in 2.2.1 definierten Prädikates
prim eine Prozedur **primzahlen**(X Y), die für zwei
ungerade Zahlen X und Y mit 2 < X < Y alle Primzahlen
zwischen X und Y (einschließlich) ausdruckt.

Lösung:
Für die Definition der **iterativen** Prozedur
primzahlen(X Y) unterscheiden wir drei Fälle:
(1) Falls Y kleiner als X ist, dann bricht die Prozedur (ohne
Ausdruck) ab.
(2) Falls X kleinergleich Y und X Primzahl ist, dann wird X
ausgedruckt und die Prozedur für X+2 und Y aufgerufen.

(3) Falls X kleinergleich Y und X **keine** Primzahl ist, dann
wird die Prozedur für X+2 und Y aufgerufen.

```
primzahlen(X Y) if
      LESS(Y X)

primzahlen(X Y) if
      not LESS(Y X) and
      prim(X) and
      PP(X) and
      SUM(X 2 Z) and
      primzahlen(Z Y)

primzahlen(X Y) if
      not LESS(Y X) and
      not prim(X) and
      SUM(X 2 Z) and
      primzahlen(Z Y)
```

Beispiel:
```
is(primzahlen(3 69))
3 5 7 11 13 17 19 23 29 31 37 41 43 47 53 59 61 67
```

Anmerkung: In der zweiten und dritten Klause können die
Bedingungen "not LESS(Y X)" bzw. "not prim(x)" auch ohne Schaden
fortgelassen werden. Das erspart Rechenzeit, ist aber logisch
unbefriedigend. Insbesondere ist dann die Reihenfolge der
Klausen wichtig.

2.2.3. Sieb des Eratosthenes

Aufgabe 3:
Gesucht ist eine Prozedur **primsieb**(N pz), die zu einer
natürlichen Zahl N alle Primzahlen zwischen 1 und N als Liste pz
ausgibt. Benutzt werden soll die nach dem griechischen
Philosophen und Mathematiker Eratosthenes (3.J.v.Chr.) benannte
Verfahren "Sieb des Eratosthenes":

(1) Man notiere alle Zahlen von 2 bis N in einer Liste.
(2) Solange das Quadrat der ersten nicht markierten Zahl der
Liste kleiner als N ist, markiere man die erste noch nicht
markierte Zahl der Liste und entferne alle (echten) Vielfachen
dieser Zahl aus der Liste.
(3) Man gebe die Liste aus.

Beispiel für N = 30:

2 3 4 5 6 7 8 9 10 11 12 13 14 15 16 17 18 19 20 21 22 23 24 25
26 27 28 29 30

2 3 5 7 9 11 13 15 17 19 21 23 25 27 29
*
2 3 5 7 11 13 17 19 23 25 29
* *
2 3 5 7 11 13 17 19 23 29
* * *

Lösung:
Wir definieren die Prozedur **primsieb**(N pz) mit Hilfe der uns
schon aus 2.2.1 bekannten prozedur **abschnitt**(X Y Z) und
einer Prozedur **sieb**(X Y):

```
    primsieb(N pz) if
         abschnitt(2 N X) and
         sieb(N X pz) and
         (N pz)vars
```

Die Prozedur abschnitt(2 N X) erzeugt den Abschnitt X der
natürlichen Zahlen von 2 bis N. Anschließend siebt die Prozedur
sieb(N X pz) alle Primzahlen aus dieser Liste aus, z.B.:
which(x: sieb(12 (2 3 4 5 6 7 8 9 10 11 12) x) ---> (2 3 5 7 11)

Dazu bedient sie sich der Prozedur
streiche(zahl liste neuliste), die aus liste alle Vielfachen
von zahl streicht, z.B.:
which(x: streiche(3 (4 9 11 3 15 20 27) x) ---> (4 11 20)

Die rekursive PROLOG-Definition für **streiche** ist unmittelbar
verständlich:

```
streiche (X () ())

streiche (X (Y¦Z) x) if
      X teilt Y and
      streiche (X Z x)

streiche (X (Y¦Z) (Y¦x)) if
      not X teilt Y
      streiche (X Z x)
```

Die Definition von **sieb**(N liste pz) beruht auf der folgenden
rekursiven Lösungsidee:
Um im obigen Beispiel zu der eingegebenen Liste (2 3 . . 12) die
gesuchte Liste (2 3 5 7 11) zu erhalten, verfahren wir wie
folgt:
(1) Wir entfernen mit Hilfe von **streiche** aus der Restliste
(3 4 . . 12) alle Vielfachen von 2.
(2) Wir wenden auf das Ergebnis (3 5 7 9 11) die Prozedur
sieb an und erhalten die Liste (3 5 7 11).
(3) Wir fügen die 2 als erstes Element der Ergebnisliste ein und
erhalten die Liste (2 3 5 7).

Das rekursive Verfahren soll abbrechen, falls das Quadrat des
ersten Listenelementes größer als 12 ist. Genau das wird von den
folgenden beiden PROLOG-Definition geleistet:

```
sieb(N (X¦Y) (X¦Y)) if            sieb(N (X¦Y) (X¦Y)) if
      stopbed(N X) and                  stopbed(N X) and
      (N)vars                           / and
                                        (N)vars
sieb (N (X¦Y) (X¦Z) if
      not stopbed(N X) and        sieb(N (X¦Y) (X¦Z) if
      streiche (X Y x) and              streiche  (X Y x) and
      sieb (N x Z) and                  sieb(N x Z) and
      (N)vars                           (N)vars

stopbed(N X) if
      TIMES(X X Y) and
      LESS(N Y) and
      (N)vars
```

Die linke Lösung ist logisch korrekter als die rechte, indem Sie
in der zweiten Klause das Nichterfülltsein der Abbruchbedingung
prüft. Die rechte Definition ist effizienter, weil sie auf diese
Prüfung verzichtet. Hier sorgt "/" am Ende der ersten Klause
dafür, daß kein Backtracking nach der Lösungsfindung einsetzt.

Durch Einfügen von P(*** (X¦Y)) als erste Bedingung der
zweiten Klause können wir den Siebprozeß verdeutlichen:
which(x: sieb((16 (2 3 4 5 6 7 8 9 10 11 12) x))
*** (2 3 4 5 6 7 8 9 10 11 12)
*** (3 5 7 9)
(2 3 5 7 11)

2.2.4. Teilermengen

Aufgabe 4:
a) Gesucht ist eine Prozedur **teilermenge**(N T), die zu jeder
natürlichen Zahl N die Menge T der Teiler von N ausgibt.
b) Definieren Sie mit Hilfe von **teilermenge** das Prädikat
prim.

Lösung a):
Ein rekursives Verfahren bietet sich für dieses Problem kaum an,
so daß wir nach einer iterativen Lösung suchen. Wir finden sie,
indem wir in geeigneter Weise eine Tabelle ausfüllen:

```
N    X    Y                 T
----------------------------------------------------
45   1    (1 45)
45   2    (1 45)
45   3    (3 15 1 45)
45   4    (3 15 1 45)
45   5    (5 9 3 15 1 45)
45   6    (5 9 3 15 1 45)   (5 9 3 15 1 45)
```

Es ist klar, wie man aus einer Zeile der Tabelle die folgende
Zeile gewinnt:

(1) Man erhöhe X um 1.

(2) Falls X kein Teiler von 45 ist, lasse man die Liste in
Spalte Y ungeändert, anderenfalls füge man X und den zu X
korrespondierenden Teiler von 45 der Liste Y vorne an.

(3) Man breche das Verfahren ab, sobald das Quadrat von X+1
größer als 45 ist.

Wir können diese iterative Vorschrift direkt in die Definition
einer PROLOG-Prozedur **teiler-iter** übersetzen. Um die Prüfung
auf Nichterfüllltsein der Stop-Bedingung in der 2. und 3. Klause
zu vermeiden, verwenden wir in der ersten Klause den Cut:

```
teiler-iter(N X T T) if
     stopbed(N X) and
     / and
     (N T)vars

teiler-iter(N X Y T) if
     SUM(X 1 Z) and
     teilt(Z N) and
     TIMES(Z x N) and
     teiler-iter(N Z (Z x¦Y) T) and
     (N T)vars

teiler-iter(N X Y T) if
     SUM(X 1 Z) and
     not teilt(Z N) and
     teiler-iter(N Z Y T) and
     (N T)vars

stopbed(N X) if
     SUM(X 1 Y) and
     TIMES(Y Y Z) and
     LESS(N Z) and
     (N)vars

teilermenge(N T) if
     teiler-iter(N 1 (1 N) T) and
     (N T)vars
```

Lösung b):

Eine natürliche Zahl N ist genau dann Primzahl, wenn ihre
Teilermenge nur 1 und N enthält:

```
prim(X) if
     not EQ(X 1) and
     teilermenge(X (1 X))
```

2.3. Sortierverfahren

Sortierverfahren gehören zum klassischen Bestand der Informatik.
Die folgenden Beispiele sollen zeigen, daß PROLOG auch hier den
anderen Sprachen nicht nachsteht, insbesondere was die
Einfachheit der Programme betrifft. Der Einfachheit halber
beschränken wir uns auf das Ordnen von Listen, deren Elemente
entweder Zahlen oder Konstante sind. In beiden Fällen dient zum
Vergleich das Prädikat LESS, z.B.:
is(LESS(3 5)) ---> YES
is(LESS(Schmidt Schulze)) ---> YES   (lexikographische Ordnung)

2.3.1. Ordnen durch Einsortieren

Das einfachste Verfahren zum Ordnen der Elemente einer Liste
(X|Y) beruht auf der folgenden rekursiven Idee: Man ordne
die Restliste Y und sortiere das erste Element X in die
geordnete Liste Y ein. Zur Definition der Hauptprozedur
ORDNE(X Y), die zu jeder Zahlenliste X die geordnete Liste Y
ausgibt, benötigt man daher eine Prozedur **einsortiere**(X Y Z),
bei der ein Element X in die schon geordnete Liste Y eingeordnet
wird.

Aufgabe 1:
Definieren Sie ein Prädikat **ORDNE**(X Y), welches eine
beliebige Zahlenliste X gemäß dem angegebenen Verfahren ordnet
und die geordnete Liste Y zurückgibt.

Lösung:

```
ORDNE(( )( ))

ORDNE((X|Y) Z) if
     ORDNE(Y x) and
     einsortiere(X x Z)
```

```
einsortiere(X () (X))

einsortiere(X (Y|Z) (X Y|Z)) if
    LESS(X Y)

einsortiere(X (Y|Z) (Y|x)) if
    not LESS(X Y) and
    einsortiere(X Z x)
```

2.3.2. Ordnen mit Hilfe von Quicksort

Unter dem Namen **Quicksort** ist ein besonders schnelles
Sortierverfahren bekannt, das auf der folgenden rekursiven Idee
beruht:

(a) Man zerlegt die Restliste Y der zu ordnenden Liste
(X|Y) in zwei Listen Y1 und Y2. Die Liste Y1 enthält alle
Elemente von Y, die kleinergleich dem ersten Listenelement X
sind, die Liste Y2 enthält alle Elemente von Y, die größer als X
sind. (Dabei ist die Reihenfolge der Elemente belanglos.)
(b) Man ordnet die Teillisten Y1 und Y2 und erhält die
geordneten Listen Z1 und Z2.
(c) Man verkettet die Listen Z1 und (X|Z2) zu der
gesuchten geordneten Liste Z, z.B.:

```
                (7 2 5 9 1 7 23 3 14 6)

(a)        (2 5 1 3 6 7)          7          (9 23 14)

(b)        (1 2 3 5 6 7)                     (9 14 23)

(c)             (1 2 3 5 6 7 7 9 14 23)
```

Aufgabe 2:
Definieren Sie ein Prädikat **quicksort**(X Y), welches eine
beliebige Zahlenliste X nach dem Quicksort-Verfahren ordnet und
die geordnete Liste Y ausgibt.

Lösung:

Die rekursive Idee des Lösungsverfahren läßt sich unmittelbar in
eine PROLOG-Definition übersetzen:

```
quicksort(()())

quicksort((X¦Y) Z) if
     split(X Y x y)
     quicksort(x z) and
     quicksort(y X1) and
     APPEND(z (X¦X1) Z)
```

Hier besorgt die Hilfsprozedur
split(X Y x y) das Zerlegen der Restliste. Die folgende
rekursive Definition folgt dem üblichen Schema:

```
split(X () () ())

split(X (Y¦Z) (Y¦x) y) if
     not LESS(X Y) and
     split(X Z x y)

split(X (Y¦Z) x (Y¦y) if
     LESS(X Y) and
     split(X Z x y)
```

2.3.3. Ordnen einer Liste durch fortgesetztes Vertauschen

Unter dem Namen **Bubblesort** ist das folgende Verfahren zum
Ordnen einer Liste bekannt:
Man suche in der Liste ein Paar benachbarter Elemente, die nicht
richtig angeordnet sind und vertausche sie. Man wiederhole das
Verfahren solange, bis die Liste geordnet ist, z.B.:

```
(5 2 7 4 3 8)
(2 5 7 4 3 8)
(2 5 4 7 3 8)
(2 4 5 7 3 8)
(2 4 5 3 7 8)
(2 4 3 5 7 8)
(2 3 4 5 7 8)
```

Aufgabe 3:

Definieren Sie ein Prädikat **bubblesort**(X Y), welches eine
beliebige Zahlenliste X nach dem Verfahren Bubblesort ordnet und
die geordnete Liste Y ausgibt.

Lösung:

Wir benötigen eine Prozedur **vertausche**(X Y), die in einer
noch nicht vollständig geordnete Liste X ein falsch angeordnetes
Zahlenpaar sucht und die beiden Zahlen vertauscht. Wir lösen die
Aufgabe einfach und durchsichtig mit Hilfe von APPEND:

```
vertausche(X Y) if
     APPEND(Z (x y¦z) X) and
     LESS(y x) and
     APPEND(Z (y x¦z) X)
```

Da es in der Liste (5 2 7 4 3 8) drei benachbarte Zahlenpaare
gibt, die in falscher Reihenfolge stehen, werden bei einer
all-Frage auch alle drei Lösungen gefunden:

```
all(x: vertausche((5 2 7 4 3 8) x)
(2 5 7 4 3 8)
(5 2 4 7 3 8)
(5 2 7 3 4 8)
```

Die Prozedure **vertausche** muß so lange angewendet werden, bis
die Liste geordnet ist. Eine Liste X ist geordnet, wenn man
keine zwei benachbarten Elemente finden kann, die falsch
angeordnet sind.

```
geordnet(X) if
     not vertausche(X Y)

bubblesort(X X) if
     geordnet(X)

bubblesort(X Y) if
     vertausche ! (X Z) and
     bubblesort(Z Y)
```

Durch Einfügen von "!" in die Bedingung "vertausche (X Z)"
verhindern wir, daß die geordnete Liste (2 3 4 5 7 8) auf
verschiedene Weise gefunden und ausgegeben wird.

2.4. Kombinatorische Probleme

2.4.1. Permutationen einer Liste

Gegeben sei eine Liste X verschiedener Buchstaben. Gesucht ist
ein Prädikat, **gen-permut**(X Y), welches zu der Liste X die
Liste Y aller Permutationen liefert, z.B.:
which(x: gen-permut((a b c) x) --->
((a b c)(a c b)(b a c)(b c a)(c a b)(c b a))

Eine für PROLOG typische Lösungsidee ist die folgende:
(a) Wir definieren ein Prädikat **PERMUT**(X Y), mit dem wir für
zwei gegebene Listen X und Y **prüfen** können, ob X eine
Permutaion der Liste Y ist, z.B.:
is(PERMUT((c b a d) (a b c d)) ---> YES
is(PERMUT((a b c a) (a b c d)) ---> NO
is(PERMUT((a b c) (a b c d))   ---> NO
(b) Falls wir Glück haben, können wir das Prädikat
PERMUT(X Y) auch zur Generierung aller Permutationen einer
gegebenen Liste benutzen.
(c) Wir definieren dann das gesuchte Prädikat
gen-permut(X Y) mit Hilfe von **isall**:

```
gen-permut(X Y) if
     Y isall(Z: PERMUT(Z X))
```

Aufgabe 1:
Definieren Sie ein Prädikat PERMUT(X Y), mit dem man prüfen
kann, ob die Liste X eine Permutation der Liste Y ist.
Untersuchen Sie die Wirkung der beiden Aufrufe:
"all(x: PERMUT(x (a b c)))" und "all(x: PERMUT((a b c) x))".

Lösung:
Die Liste (X¦Y) ist eine Permutation der Liste Z, falls Y
eine Permutation derjenigen Liste ist, die man erhält, wenn man
das Element X aus Z entfernt. Ferner ist die leere Liste eine
Permutation der leeren Liste.

Dieser rekursive Lösungsgedanke führt mit Hilfe der
Hilfsprozedur **remfirst**(X Y Z) zu der folgenden
PROLOG-Definition:

```
PERMUT(()())

PERMUT((X¦Y) Z) if
     remfirst(X Z x) and
     PERMUT(Y x)

remfirst(X Y Z) if
     APPEND(x (X¦y) Y) and
     APPEND(x y Z)
```

Die Prozedur **remfirst**(X Y Z) entfernt aus einer Liste Y das
Element X an der **ersten** Stelle seines Auftretens, z.B.:
which(x: remfirst(a (b a c a d a) x)) ---> (b c a d a)

Ein Versuch zeigt, daß das Prädikat **PERMUT**(X Y) tatsächlich
als Generator verwendbar ist, sofern man das **zweite** Argument
Y mit der zu permutierenden Liste belegt, z.B.:
all(x: PERMUT(x (a b c))) --->
(a b c), (a c b), (b a c), (b c a), (c a b), (c b a)

Anmerkungen:
(1) Mit Hilfe eines Beweisbaumes mache man sich klar, warum der
Aufruf "all(x: PERMUT((a b c) x))" nicht zum Erfolg führt.
(2) Würde man in der Definition von PERMUT anstelle von
remfirst das in 1.8 definierte Prädikat **REMOVE**(X Y Z)
verwenden, welches das Objekt X an **allen** Stellen seines
Auftretens in der Liste Y entfernt, so würde PERMUT nicht als
Generator verwendbar sein. Der Grund liegt in einer
Generator-Eigenschaft von remfirst, die REMOVE nicht besitzt:
all(x y: remfirst(x (a b c d) y))
a (b c d)
b (a c d)
c (a b d)
d (a b c)

2.4.2. Das Acht-Damen-Problem

Auf einem Schachbrett sollen acht Damen so verteilt werden, daß
sie sich gegenseitig nicht bedrohen. Wie viele Möglichkeiten
gibt es? Es ist ein PROLOG-Programm gesucht, welches alle
Lösungen ausgibt.

Eine Lösung zeigt die folgende Zeichnung. Hier sind leere Felder
durch o und besetze Felder durch D markiert:

```
1  o o o D o o o o
2  o D o o o o o o
3  o o o o o o D o
4  o o D o o o o o
5  o o o o o D o o
6  o o o o o o o D
7  o o o o D o o o
8  D o o o o o o o
   1 2 3 4 5 6 7 8
```

Wir repräsentieren diesen **Lösungszustand** durch die folgende
Liste von Zahlenpaaren:
((1 4)(2 2)(3 7)(4 3)(5 6)(6 8)(7 5)(8 1)).
Durch systematisches Probieren können wir diese Lösung wie folgt
finden:
1. Wir setzen die erste Dame auf das erste Feld der untersten
Reihe, also das Feld (8 1).
2. Sind schon die ersten k Reihen (von unten) mit k Damen in
zulässiger Weise besetzt, so versuchen wir, die nächste Dame in
der k+1-ten Reihe auf das erste erlaubte Feld (von links) zu
setzen. Gibt es kein erlaubtes Feld in dieser Reihe, so
versuchen wir die bisherige Lösung durch Backtracking
(Rücksprung zur vorherigen Reihe) zu korrigieren.
Auf Grund dieses Verfahrens erhalten wir bis zum erstmaligen
Einsetzen von Backtracking die folgende Sequenz von Zuständen:
((8 1)) ---> ((7 3)(8 1)) ---> ((6 5)(7 3)(8 1)) --->
((5 2)(6 5)(7 3)(8 1)) ---> ((4 4) (5 2)(6 5)(7 3)(8 1)) --->
((4 8)(5 2)((6 5)(7 3)(8 1)) ---> usw.

Aufgabe 2:
Gesucht ist ein PROLOG-Programm, welches alle Lösungen des
Acht-Damen-Problems in der angegebenen Weise findet.

Lösung:
Wir suchen die Definition eines Prädikates **zulaessig**(x),
welches nicht nur prüft, ob ein Zustand der Gestalt
((1 X1)(2 X1)(3 X3)(4 X4)(5 X5)(6 X6)(7 X7)(8 X8))
zulässig ist oder nicht, sondern auch alle Zustände dieser
Gestalt generiert. Dem angegebenen Verfahren entspricht die
folgende rekursive Definition:

```
zulaessig(())

zulaessig(((X Y)¦Z)) if
     zulaessig(Z) and
     Y ON (1 2 3 4 5 6 7 8) and
     erlaubt((X Y) Z)
```

Hier prüft das Hilfsprädikat **erlaubt**((X Y) Z), ob die
Damen-Position (X Y) bezüglich des (schon als zulaessig
erwiesenen) Zustandes Z erlaubt ist. Das ist genau dann der
Fall, wenn die Position (X Y) mit allen Positionen des Zustandes
Z **verträglich** ist, z.B. gilt:
is(erlaubt((5 6) ((6 8)(7 5)(8 1)))) --> YES
is(erlaubt((5 3) ((6 8)(7 5)(8 1)))) ---> NO

Wir definieren deshalb das Prädikat **erlaubt** wiederum
rekursiv mit Hilfe eines Prädikates **vertraeglich**:

```
erlaubt(X ())

erlaubt(X (Y¦Z)) if
     vertraeglich(X Y) and
     erlaubt(X Z)
```

Zwei Damen-Positionen sind "verträglich", wenn sie nicht
"unverträglich" sind:

```
vertraeglich(X Y) if
      not unvertraeglich(X Y)
```

Das Prädikat **unvertraeglich**((X Y)(x y)) ist für zwei
Dame-Positionen (X Y) und (x y) genau dann erfüllt, wenn sich
die beiden Damen bedrohen. Das trifft für die folgenden drei
Fälle zu:
(1) Y = y (beide Damen stehen in einer gemeinsamen Vertikalen).
(2) X + Y = x + y (beide Damen stehen in einer gemeinsamen
Diagonalen von links-unten nach rechts-oben).
(3) X - Y = x - y (beide Damen stehen in einer gemeinsamen
Diagonalen von links-oben nach rechts-unten).
Jedem dieser drei Fälle entspricht eine Klause des Prädikates
unvertraeglich:

```
unvertraeglich((X Y)(Z Y))

unvertraeglich((X Y)(Z x)) if
      SUM(X Y y) and
      SUM(Z x y))

unvertraeglich((X Y)(Z x)) if
      DIF(X Y y) and
      DIF(Z x y)
```

Damit haben wir die Prozedur **zulaessig** vollständig
definiert. Der Versuch, mit Hilfe dieses Prädikates auch alle
Zielzustände zu **generieren**, ist erfolgreich. Alle 92
Lösungen des Problems werden gefunden:
all((X Y Z x y z X1 Y1): zulaessig(((1 X)(2 Y)(3 Z)(4 x)
                                    (5 y)(6 z)(7 X1)(8 Y1))))
(4 2 7 3 6 8 5 1), (5 2 4 7 3 8 6 1),...,(5 7 2 6 3 1 4 8)

2.4.3. Ein einfaches Stundenplan-Problem
Zuordnungsprobleme folender Art kommen in der Praxis häufig vor:
Für die neun Studenten einer Übungsgruppe stehen neun
Übungszeiten am Computer zur Verfügung. Da den Studenten jedoch
nicht alle Zeiten passen, bzw. bestimmte Zeiten von ihnen

bevorzugt werden, bittet sie der Übungsleiter, die drei
günstigsten Zeiten auf einem Zettel zu notieren. Hier das
Ergebnis, wobei die Übungszeiten der Einfachheit wegen von 1 bis
9 durchnumeriert wurden:

Meyer:	7 3 5	Heise:	5 2 4	Werner:	8 3 6
Schmidt:	3 9 1	Rudolf:	2 4 3	Schulze:	1 4 2
Zimmer:	7 2 9	Schneider:	2 7 1	Hamann:	8 5 7

Gesucht ist ein Programm, mit dem man einen optimalen Plan
finden kann, falls es überhaupt eine Lösung des
Zuordnungsproblems gibt. Falls es mehrere Pläne gibt, soll der
"beste" Plan auf folgende Weise ermittelt werden:
- Jedem Studenten werden die Zahlen 0, 1, bzw 2 zugeordnet, je
nachdem ob ihm seine günstigste, zweitgünstigste bzw.
schlechteste Zeit zugewiesen wurde.
- Die Summe dieser neun Zahlen ist die **Bewertung** des Planes.
Unter einem **besten** Plan wollen wir dann einen Plan mit
minimaler Bewertung verstehen.

Aufgabe 3:
a) Gesucht ist ein Prädikat **plan**(X), mit dem man alle Pläne
finden kann.
b) Definieren Sie mit Hilfe von **plan** ein Prädikat
bester-plan, mit dem man einen besten Plan ermitteln kann.

Lösung a):
Die von den Studenten ausgewählten Zeiten speichern wir als
Fakten eines zweistelligen Prädikates **wahl**:
```
   wahl(Meyer (7 3 5))
   wahl(Schmidt (3 9 1))
    usw. bis
   wahl(Hamann (8 5 7))
```
Unter einer **Zuordnung** wollen wir eine Liste von Paaren
verstehen, deren erste Komponente einer der vorkommenden Namen,

und deren zweite Komponente eine der zugeordneten Zeiten ist.
Dabei darf jeder Name höchstens in einem Paar vorkommen. Z.B.
ist ((Meyer 3)(Schulze 1)(Hamann 7)(Rudolf 3)) eine Zuordnung,
jedoch keine **zulässige** Zuordnung. Eine Zuordnung heißt
zulässig, falls jede Zeit höchstens einmal vorkommt. Mit
dieser Terminologie ist ein **Plan** eine zulässige Zuordnung,
in der **alle** Namen vorkommen. Wir definieren jetzt ein
PROLOG-Prädikat **zulaessig(X)**, mit dem wir prüfen können, ob
eine Zuordnung zulässig ist oder nicht:

```
zulaessig(())

zulaessig(((na zeit)¦X)) if
     zulaessig(X) and
     wahl(na liste) and
     ON(zeit liste) and
     not ON((Y zeit) X)
     (na liste zeit)vars
```

Die Definition ist unmittelbar verständlich. Die letzte
Bedingung der zweiten Klause sorgt dafür, daß keine Zeit doppelt
gewählt wird, z.B.:
is(zulaessig(((Meyer 3)(Schulze 1)(Hamann 7)(Rudolf 2))))
YES
Insbesondere können wir mit Hilfe von **zulaessig** prüfen, ob
eine Zuordnung, die alle (neun) Namen enthält, zulässig, d.h.
ein **Plan** ist.

Es stellt sich jetzt die Frage, ob wir mit dem so definierten
Prädikat auch alle Pläne **generieren** können. Wie der folgende
Aufruf zeigt, ist das der Fall, wenn wir in dem Aufruf dafür
sorgen, daß jeder Name genau einmal vorkommt:

all(x: x **EQ** ((Meyer Z1)(Schmidt Z2)(Zimmer Z3)(Heise Z4)
(Rudolf Z5)(Schneider Z6)(Werner Z7)(Schulze Z8)(Hamann Z9)
and **zulaessig(x)**) --->
((Meyer 3)(Schmidt 9)(Zimmer 7)(Heise 5)(Rudolf 4)(Schneider 2)
(Werner 6)(Schulze 1)(Hamann 8))
usw., insgesamt 19 Lösungen.

Unbefriedigend ist noch der umständliche Aufruf. Wir können ihn
vermeiden, indem wir die benötigte Listenstruktur durch
folgenden Kunstgriff generieren:
all(X: X isall((Y Z): wahl(Y x))) --->
((Hamann X)(Schulze Y)...(Meyer Z1))

Hiermit wird die Wirkungsweise der folgenden Definition des
Prädikates **plan**(X) verständlich:

```
plan(X) if
      X isall ( (Y Z): wahl(Y x)) and
      zulaessig(X)
```

Das Prädikat **plan**(X) können wir zur Prüfung und zur
Generierung von Plänen verwenden.

Lösung b):
Wir benötigen ein Prädikat **bewerte**(pl (be¦pl)),
welches zu jedem Plan nach dem oben angegebenen
Bewertungsverfahren die Bewertung **be** berechnet und diese der
Liste **pl** als erstes Element eingefügt. Wir definieren
bewerte wie folgt:

```
bewerte(()(0))

bewerte((X¦Y) (Z X¦Y)) if
      bewerte(Y (x¦Y)) and
      bew(X y) and
      SUM(x y Z)
```

Hier ist **bew**(namen zahl) ein Prädikat, das zu jedem Paar
(namen zahl) des Planes den "Wert" berechnet:

```
bew((X Y) 0) if
     wahl(X (Y Z x))        (1.Wahl)

bew((X Y) 1) if
     wahl(X (Z Y x))        (2.Wahl)

bew((X Y) 2) if
     wahl(X (Z x Y))        (3.Wahl)
```

Zur Ermittlung eines Planes mit minimaler Bewertung wollen
wir wie folgt verfahren:
(1) Zu dem ersten ermittelten Plan wird die Bewertung berechnet
und der bewertete Plan als Argument eines Prädikates **b-plan**
gespeichert.
(2) Für jeden weiteren gefundenen Plan wird ebenfalls die
Bewertung berechnet. Ist diese kleiner als die Bewertung des in
b-plan gespeicherten Planes, so wird der neue Plan anstelle
des alten in **b-plan** gespeichert.
(3) Nachdem alle Pläne gefunden worden sind, findet sich ein
optimaler Plan als Argument des Prädikates **b-plan**.
Die Realisierung besorgt das wie folgt definierte Prädikat
bester-plan:

```
bester-plan(X) if
    (forall plan(Y) then bewerte(Y Z) and pruefe(Z)) and
    b-plan((x¦X))
```

Hier besorgt die Hilfsprozedur **pruefe**(Z) den Vergleich des
bewerteten Planes mit dem gespeicherten Plan und gegebenfalls
den Austausch:

```
pruefe(X) if
    not DEF(b-plan) and
    add((b-plan(X)))

pruefe((X¦Y)) if
    b-plan((Z¦x)) and
    not LESS(X Z)

pruefe((X¦Y)) if
    b-plan((Z¦x)) and
    LESS(X Z) and
    KILL(b-plan) and
    add((b-plan ((X¦Y))))
```

Für das obige Beispiel erhalten wir:
which(x: bester-plan(x)) --->
((Hamann 8)(Schulze 1)(Werner 6)(Schneider 2)(Rudolf 4)
(Heise 5)(Zimmer 9)(Schmidt 3)(Meyer 7))

3 Formale Sprachen und Produktionssysteme

3.1. Algebraische Terme

3.1.1 Ein Parser für algebraische Terme

Mit Hilfe der Buchstaben a, b, c und d, der Rechenzeichen +, -
und *, sowie der Klammern [und] können wir beliebige
Zeichenketten bilden, z.B.:
a, b+c, [c-d], a*[d-a], a+-c, [ac[.
Jede dieser Zeichenketten heißt ein **Wort** über dem
Alphabet {a, b, c, d, +, -, *, [,]}. Innerhalb der
Menge aller Wörter über diesem Alphabet gibt es eine echte
Untermenge von Wörtern, die wir als korrekt gebildete
algebraische Terme deuten. Welche der Wörter als algebraische
Terme zugelassen werden sollen, hängt insbesondere davon ab,
welche Vereinbarungen über das Fortlassen von Klammern getroffen
wurden. Die folgende Definition des Begriffes **Term** ist aus
Gründen der Einfachheit auf spezielle Terme eingeschränkt:
(1) Die vier Wörter a, b, c und d sind Terme,
(2) Sind T1 und T2 Terme, so ist auch [T1+T2] ein Term,
(3) Sind T1 und T2 Terme, so ist auch [T1-T2] ein Term,
(4) Sind T1 und T2 Terme, so ist auch [T1*T2] ein Term.

Auf Grund dieser rekursiven Definition können wir entscheiden,
ob ein Wort über dem Alphabet {a, b, c, d, +, -, *, [,]}
ein Term ist oder nicht.

Behauptung: [d*[c-b]] ist ein Term.
Beweisfindung durch **Rückwärtsverketten**:
Wegen (4) ist [d*[c-b]] ein Term, falls d und [c-b] Terme sind.
Wegen (1) ist d ein Term.
Wegen (3) ist [c-b] ein Term, falls c und b Terme sind.
Wegen (1) ist c ein Term.
Wegen (1) ist b ein Term.

Aufgabe 1:

Gesucht ist ein PROLOG-Prädikat **term**(X), welches prüft, ob X
ein Term (gemäß der obigen Definition) ist oder nicht.

Lösung:

Für die gesuchte Prolog-Definition ist es zweckmäßig, wenn wir
Terme nicht als Zeichenketten (string) repräsentieren, sondern
als Listen, z.B. "a" durch die Liste (a) und [a*[b-c]] durch
die Liste ([a * [b - c]]). Den Zeilen (1) bis (4) in der
obigen rekursiven Definition entsprechen dann die folgenden
Klausen des Prädikates **term**:

```
term((a))

term((b))

term((c))

term((d))

term(X) if
      APPEND( ([¦Y) ()) X) and
      APPEND(Z (+¦x) Y)
      term(Z) and
      term(x)

term(X) if
      APPEND( ([¦Y) ()) X) and
      APPEND(Z (-¦x) Y)
      term(Z) and
      term(x)

term(X) if
      APPEND( ([¦Y) ()) X) and
      APPEND(Z (*¦x) Y)
      term(Z) and
      term(x)
```

Beispielaufruf:

is(term(([d * [c - b]]))) ---> YES

PROLOG führt den Beweis durch Rückwärtsverketten entsprechend
der obigen Beweisfindung.

Anmerkungen

a) Um einen Term auch als Zeichenkette eingeben zu können,
definieren wir ein Prädikat **string-term** durch

```
string-term(X) if
      STRINGOF(Y X) and
      term(Y)
```

Hier ist **STRINGOF**(X Y) ein Systemprädikat, welches zu einer
Liste von Zeichen die aus diesen Zeichen bestehende Zeichenkette
ausgibt und umgekehrt, z.B.:

which(x: STRINGOF (("[" a + b "]") x)) ---> "[a+b]"

which(x: STRINGOF (x "[a+b]"))   ---> ("[" a + b "]")

is(string-term("[[a+b]*[a-b]]")   ---> YES

b) Das Programm würde einfacher und wesentlich schneller sein,
wenn wir in der Definition von **term** das Listenkonzept von
PROLOG voll ausnützen würden, indem wir in Termen runde Klammern
an Stelle von eckigen Klammern benutzen würden. Terme mit
inneren Klammern würden dann als geschachtelte Listen
repräsentiert. Wir haben darauf verzichtet, weil wir an diesem
Beispiel die Begriffe **formale Sprache** und **Grammatik**
einführen wollen.

Die Definition des Begriffes **Term** über dem Alphabet
{a, b, c, d, +, -, *, [,]}. ist ein Beispiel für die
Definition einer formalen Sprache über diesem Alphabet.
Allgemein nennt man jede Teilmenge aus der Menge aller Wörter
über einem Alphabet eine **formale Sprache** über diesem
Alphabet. Das oben definierte PROLOG-Prädikat **term** dient der
Entscheidung, ob eine (als Liste repräsentierte) Zeichenkette
ein Term ist oder nicht. Jedes Computerprogramm, mit dem
entschieden werden kann, ob ein vorgegebenes Wort zu einer
formalen Sprache gehört oder nicht, nennt man einen **Parser**
für diese Sprache. Das PROLOG-Prädikat **term** ist somit ein in
PROLOG geschriebener Parser für den oben definierten
Termbegriff.

3.1.2. Definition einer formalen Sprache durch eine Grammatik
Eine der Möglichkeiten zur Definition einer formalen Sprache
liefert der Begriff der Grammatik.
Eine Grammatik ist bestimmt durch:
(a) die Menge der **nichtterminalen** Symbole,
(b) die Menge der **terminalen** Symbole,
(c) die Menge der **Ersetzungsregeln** (oder **Produktionen**),
(d) das **Startsymbol.**
Die Menge der terminalen Symbole ist stets eine Untermenge des
Alphabetes der Sprache, das Startsymbol ist stets ein
nichtterminales Symbol.

Den in 3.1.1. definierten Termbegriff können wir wie folgt durch
eine Grammatik GRAMM1 definieren:
Nichtterminale Symbole: {TERM}.
Terminale Symbole: {a, b, c, d, +, - *, [,]}.
Ersetzungsregeln:
(P1)   TERM ---> a
(P2)   TERM ---> b
(P3)   TERM ---> c
(P4)   TERM ---> d
(P5)   TERM ---> [TERM + TERM]
(P6)   TERM ---> [TERM - TERM]
(P7)   TERM ---> [TERM * TERM]
Startsymbol: TERM.

Man beachte die Analogie zwischen den Ersetzungsregeln und der
PROLOG-Definition des Prädikates **term** in 3.1.1. Dem (einzigen)
nichtterminalen Symbol TERM entspricht das Prädikat **term**,
jeder Ersetzungsregel eine Klause von **term**.

Mit Hilfe der Ersetzungsregeln lassen sich die zur Sprache
gehörenden Wörter **generieren**, also in unserem Beispiel die
unter den Termbegriff fallenden Wörter. Hierzu geht man vom
Startsysmbol als dem **Anfangszustand** aus und wendet
nacheinander Ersetzungsregeln an, solange bis man einen nur noch
aus Terminalen bestehenden **Endzustand** erreicht hat.

Die folgende **Ableitung** erzeugt den Term [d*[c-b]]:
```
TERM  --(P7)-->  [ TERM * TERM ]
      --(P4)-->  [ d * TERM ]
      --(P6)-->  [ d * [ TERM - TERM ] ]
      --(P3)---> [ d * [ c - TERM ] ]
      --(P2)---> [ d * [ c - b ] ]
```

Dieses Ersetzungsverfahren wird bei der Implementierung in
Programmiersprachen wie LISP und LOGO benutzt, um die zu einer
Grammatik gehörenden Wörter zu **generieren** (vgl.3.4.1). Wie
wir in 3.1.4 sehen werden, können wir in PROLOG das als Parser
definierte Prädikat **term** auch als **Generator** verwenden.

Die folgende Grammatik GRAMM2 erzeugt dieselbe Menge von Termen
wie GRAMM1 und heißt deshalb **äquivalent** zu GRAMM1:
Nichtterminale Symbole: {TERM, VAR, OPZ}.
Terminale Symbole: {a, b, c, d, +, - *, [,]}.
Ersetzungsregeln:
```
(P1)   TERM ---> VAR
(P2)   TERM ---> [ TERM OPZ TERM ]
(P3)   VAR  ---> a
(P4)   VAR  ---> b
(P5)   VAR  ---> c
(P6)   VAR  ---> d
(P7)   OPZ  ---> +
(P8)   OPZ  ---> -
(P9)   OPZ  ---> *
```
Startsymbol: TERM.
Die neu eingeführten nichtterminalen Symbole VAR und OPZ stehen
für die Begriffe "Variable" und "Operationszeichen".

Aufgabe 2:
Ändern Sie die Definition des Prädikates **term** von Aufgabe 1
so ab, daß sie der Grammatik GRAMM2 entspricht. (Jedem
nichtterminalen Symbol soll ein Prädikat entsprechen, jeder
Ersetzungsregel eine Klause.)

Lösung:

```
term((X)) if
          var(X)

term(X) if
          APPEND(([¦Y) (]) X) and
          APPEND(Z (x¦y) Y) and
          opz(x) and
          term(Z) and
          term(y)


var(a)

var(b)

var(c)

var(d)

opz(+)

opz(-)

opz(*)
```

Anmerkung:

Je nach der Struktur der Ersetzungsregeln unterscheidet man
verschiedene Typen von Grammatiken. Wir beschränken uns auf den
Typ der sogen. **kontextfreien** Grammatik. Hier besteht die
linke Seite der Ersetzungsregeln aus genau einem nichtterminalen
Symbol.

Das folgende Beispiel zeigt, daß die Wörter einer Grammatik
keinerlei Bedeutung zu haben brauchen.

```
Grammatik                      Parser
Nichtterminale: {T}            T((b))
Terminale: {a b}               T(X) if
Ersetzungsregeln:                    APPEND(Y (a¦Z) X) and
T ---> b                             T(Y) and
T ---> T a T                         T(Z)
```

3.1.3. Algebraische Terme in Präfixnotation

Die folgende Tabelle zeigt einige Beispiele für Terme in der
üblichen **Infixnotation** und in der **Präfixnotation**. Die
letztere ist syntaktisch einfacher, da sie keine Klammern
benötigt.

```
Infixnotation           Präfixnotation
-----------------------------------------
a + b                   + a b
c * (a - b)             * c - a b
(a - b) * (a + b)       * - a b + a b
```

Aufgabe 3:
a) Definieren Sie eine Grammatik für die Präfixnotation von
Termen. (Umfangsmäßig soll der Termbegriff mit dem in 3.1.1.
definierten gleich sein.)
b) Definieren Sie einen Parser **praefix(X)** für die Grammatik.

Lösung a):
Wir wählen eine Grammatik, die der GRAMM2 in 3.1.1 entspricht:
Nichtterminale Symbole: {TERM, VAR, OPZ}
Terminale Symbole: {a, b, c, d, +, -, *}
Ersetzungsregeln:

```
(P1)   TERM --->  VAR
(P2)   TERM --->  OPZ TERM TERM
(P3)   VAR  --->  a
(P4)   VAR  --->  b
(P5)   VAR  --->  c
(P6)   VAR  --->  d
(P7)   OPZ  --->  +
(P8)   OPZ  --->  -
(P9)   OPZ  --->  *
```
Startsymbol: TERM

Lösung b):

```
praefix((X)) if
      var(X)

praefix(X) if
      APPEND((Y¦Z) x X)
      opz(Y) and
      praefix(Z) and
      praefix(x)

var(X) if
      ON(X (a b c d))

opz(X) if
      ON(X (+ - *))
```

Aufgabe 4:

Definieren Sie ein Prädikat

a) **infix-praefix**(X Y), das einen in Infixnotation gegebenen
Term X in die Präfixnotation Y übersetzt.

b) **praefix-infix**(X Y), das einen in Präfixnotation gegebenen
Term X in die Infixnotation Y übersetzt.

Lösung a):

Wir orientieren uns an der Lösung von Aufgabe 2 in 3.1.2 und
ersetzen die beiden Klausen von **term** durch entsrechende
Klausen für **infix-praefix**. Die Definitionen für **var** und
opz gelten entsprechend.

```
infix-praefix((X) (X)) if
      var(X)

infix-praefix(X X1) if
      APPEND(([¦Y) (]) X) and
      APPEND(Z (x¦y) Y) and
      opz(x) and
      infix-praefix(Z Z1) and
      infix-praefix(y y1) and
      APPEND((x¦Z1) y1 X1)
```

Lösung b):

In diesem Fall gehen wir von der Lösung der Aufgabe 3b aus und
erhalten:

```
praefix-infix((X) (X)) if
      var(X)

praefix-infix(X X1) if
      APPEND((Y¦Z) x X) if
      opz(Y) and
      praefix-infix(Z Z1) and
      praefix-infix(x x1) and
      APPEND(Z1 (Y¦x1) z) and
      APPEND(([¦z) ()) X1)
```


3.1.4. Der Parser als Generator

Wie wir wissen, hat PROLOG die angenehme Eigenschaft, daß man in
vielen Fällen eine als Prüfprädikat definierte Prozedur auch zur
Generierung der unter den Begriff fallenden Objekte benutzen
kann. Es stellt sich daher die Frage, ob man einen Parser auch
als **Generator** für die Wörter der Grammatik benutzen kann.
Nehmen wir als Beispiel den Parser für Terme in Präfixnotation
aus Aufgabe 3. Ein Versuch mit dem Aufruf "all(x: praefix(x))"
scheitert jedoch zunächst daran, daß in der zweiten Klause von
praefix bei diesem Aufruf alle drei Argumente der Prozedur
APPEND unbelegt sind. Dies könnte man jedoch leicht durch
Umstellung von APPEND an das Ende der Klause abändern. Aber auch
dann werden keineswegs **alle** Wörter der Grammatik erzeugt.
Der Grund liegt darin, daß die Wortlänge unbeschränkt ist und
deshalb beim Backtracking nicht alle Bedingungen einer Klause
die Chance erhalten, einen Beitrag zu liefern. Ohne jede
Änderung des Parsers können wir beide Teilprobleme lösen, indem
wir dafür sorgen, daß nacheinander alle Terme der Längen 1, 2,
3,...N generiert werden, sofern zu der jeweiligen Zahl Terme
existieren. Dieses wird möglich mit Hilfe des Prädikates LENGTH.

Mit seiner Hilfe können wir nämlich die Listenstruktur aller
drei bei APPEND beteiligten Listen vorschreiben:
all(x y z: LENGTH ! (z 5) and APPEND(x y z)) --->
() (X Y Z x y) (X Y Z x y)
(X) (Y Z x y) (X Y Z x y)
(X Y) (Z x y) (X Y Z x y)
(X Y Z) (x y) (X Y Z x y)
(X Y Z x) (y) (X Y Z x y)
(X Y Z x y) () (X Y Z x y)
Der Aufruf "all(x: LENGTH ! (x 5) and praefix(x))" liefert uns
deshalb alle Präfixterme der Länge 5.

Aufgabe 5:
Definieren Sie ein Prädikat **generator**(t N), welches mit
Hilfe von **praefix** zu jeder natürlichen Zahl N alle Terme t
in Präfix-Notation erzeugt, deren Länge kleinergleich N ist.

Lösung:
Mit Hilfe des in 2.2.1 definierten Prädikats **abschnitt**(X Y Z),
welches zu gegebenen natürlichen Zahlen X und Y mit X
kleinergleich Y die Liste aller natürlichen Zahlen von X bis Y
ausgibt, definieren wir das Prädikat **generator** wie folgt:

```
generator(t N) if
    abschnitt(1 N X) and
    ON(Y X) and
    LENGTH ! (t Y) and
    praefix(t)
    (t N)vars
```

Beim Aufruf "all(x: generator(x 10))" wird zuerst die
Zahlenliste (1 2 3...10) erzeugt und an die Variable X gebunden.
Zu der jeweils entnommenen Zahl Y wird sodann durch LENGTH ! (t
Y) eine Listenstruktur t der Länge Y erzeugt und durch
praefix(t) zu dieser Listenstruktur alle (als Listen
repräsentierte) Wörter der Grammatik. Infolge von Backtracking
wird anschließend der Nachfolger von Y der Liste X entnommen.
Auf diese Weise werden alle Wörter der Grammatik generiert,
deren Länge kleinergleich N ist.

3.2. Eine einfache Grammatik für englische Sätze

Der Begriff der Grammatik läßt sich auch auf natürliche Sprachen
anwenden. Man läßt dann die **semantischen** Aspekte, d.h.
Fragen der **Bedeutung**, außer acht und fragt nur danach, ob
ein Satz **syntaktisch** korrekt ist oder nicht. Beispielsweise
sind die folgenden beiden Sätze syntaktisch richtige Sätze der
englischen Sprache, jedoch ist nur der erstere auch semantisch
korrekt:
(a) the happy boy kicked the ball;
(b) the sad ball loves the girl.
Wegen ihrer Einfachheit gegenüber der deutschen Sprache wählen
wir Beispielsätze der englischen Sprache. (Z.B. gibt es hier nur
den einen bestimmten Artikel "the".)

3.2.1. Definition der Grammatik

Nichtterminale Symbole: {SATZ, NP, VP, NOM, VERB, ART}
Hier steht

SATZ	für **Satz**, z.B.: "the happy boy loves a sad girl",
NP	für **Nominalphrase**, z.B.: "the happy boy",
VP	für **Verbalphrase**, z.B.: "loves a sad girl",
NOM	für **Nomen**, z.B.: "girl",
VERB	für **Verb**, z.B.: "loves"
ART	für **Artikel**, z.B.: "a",
ADJ	für **Adjektiv**, z.B.: "happy".

Terminale Symbole:
{boy, girl, ball, kicked, loves, the, a, happy, sad}
Ersetzungsregeln:

(P1)	SATZ --->	NP VP
(P2)	NP --->	ART N
(P3)	NP --->	ART ADJ N
(P4)	VP --->	V NP
(P5)	NOM --->	boy
(P6)	NOM --->	girl
(P7)	NOM --->	ball
(P8)	VERB --->	kicked
(P9)	VERB --->	loves

```
(P10) ART   ---> the
(P11) ART   ---> a
(P12) ADJ   ---> happy
(P13) ADJ   ---> sad
```
Startsymbol: S.

Man beachte, daß in diesem Fall jede Sequenz von Terminalen ein
"Wort" der Sprache ist. Diejenigen Wörter, die durch die
Ersetzungsregeln erzeugt werden, sind die **Sätze** der Sprache.
Bezüglich dieser Grammatik ist z.B. der Satz "the sad boy kicked
a ball" wie folgt ableitbar:

```
SATZ  --(P1)-->   NP VP
      --(P3)-->   ART ADJ NAUN VP
      --(P4)-->   ART ADJ NAUN VERB NP
      --(P2)-->   ART ADJ NAUN VERB ART NAUN
      --(P5)-->   ART ADJ boy VERB ART NAUN
      --(P7)-->   ART ADJ boy VERB ART ball
      --(P8)-->   ART ADJ boy kicked ART ball
      --(P10)-->  the ADJ boy kicked ART ball
      --(P11)-->  the ADJ boy kicked a ball
      --(P13)-->  the sad boy kicked a ball
```

3.2.2. Ein Parser für die englische Grammatik

Aufgabe:

Definieren Sie einen PROLOG-Parser für die durch obige Grammatik
definierten englischen Sätze. Jedem nichtterminalen Symbol soll
ein Prädikat entsprechen, jeder Ersetzungsregel eine Klause.

Lösung:

```
  satz(X) if
      APPEND(Y Z X) and
      np(Y) and
      vp(Z)

  np((X Y)) if
      art(X) and
      nom(Y)
```

```
  np((X Y Z)) if
      art(X) and
      adj(Y) and
      nom(Z)

  vp((X¦Y)) if
      verb(X) and
      np(Y)


  nom(boy)

  nom(girl)

  nom(ball)


  verb(kicked)

  verb(loves)


  art(the)

  art(a)


  adj(happy)

  adj(sad)
```

Beispielaufruf:

is(satz ((the happy boy loves a sad girl))) ---> YES

3.2.3. Ein Generator zur Erzeugung von Sätzen der Grammatik

Unseren Parser **satz** können wir wiederum als Generator benutzen. Da in diesem Fall alle Sätze endliche Länge haben, benötigen wir nicht die Prozedur **generator** aus 3.1.4. Dafür rücken wir APPEND in der Klause von **satz** an das Ende und benennen dieses Prädikat um in **gen-satz**:

```
  gen-satz(X) if
      np(Y) and
      vp(Z) and
      APPEND(Y Z X) and
```

Beispielaufruf:

all(x: gen-satz(x))

(the boy kicked the boy)

(the boy kicked the girl)

(the boy kicked the ball)

usw.

3.3. Ein allgemeines Verfahren zur Definition eines Parsers

3.3.1. Die Methode der Differenzlisten

Bei den bisherigen Beispielen für PROLOG-Parser spielt die
Prozedur APPEND eine zentrale Rolle. Sie wird benutzt, um eine
Liste in zwei Teillisten zu zerlegen, die gewisse Bedingungen
erfüllen müssen. Daß dieses vielfaches Backtracking erfordert,
machen wir uns an dem Prädikat satz(X Y) des Parsers für
englische Sätze aus 3.2.2 klar:

```
satz(X) if
     APPEND(Y Z X) and
     np(Y) and
     vp(Z)
```

Beim Aufruf von "satz((the happy girl kicked a ball))" wird die
eingegebene Liste solange in zwei Teillisten zerlegt, bis die
erste Liste das Prädikat np und die zweite Liste das Prädikat vp
erfüllt:

```
() (the happy girl kicked a ball)     <Mißerfolg>
(the)  (happy girl kicked a ball)     <Mißerfolg>
(the happy)  (girl kicked a ball)     <Mißerfolg>
(the happy girl)  (kicked a ball)     <Erfolg>
```

Man kann die Prozedur APPEND jedoch vermeiden, indem man jede
einen Satzteil repräsentierende Liste als **Differenz** zweier
Listen repräsentiert. Für die Analyse des obigen Beispielsatzes
sieht diese Repräsentation wie folgt aus:

```
(the happy girl kicked the ball) wird repräsentiert durch
(the happy girl kicked the ball) und (),
```

```
(the happy girl) wird repräsentiert durch
(the happy girl kicked the ball) und (kicked the ball)
```

In der Repräsentation mit **Differenzlisten** sieht das Programm
für den Parser in 3.2.2 wie folgt aus:

```
satz(X Y) if
     np(X Z) and
     vp(Z Y)

np(X Y) if
     art(X Z)
     and nom(Z Y)

np(X Y) if
     art(X Z) and
     adj(Z x) and
     nom(x Y)

vp(X Y) if
     verb(X Z) and
     np(Z Y)

nom((boy¦X) X)
nom((girl¦X) X)
nom((ball¦X) X)


verb((kicked¦X) X)
verb((likes¦X) X)


art((the¦X) X)
art((a¦X) X)


adj((happy¦X) X)
adj((sad¦X) X)
```

Wir definieren noch ein aufrufendes Prädikat **parse(X)**,
welches das zum Startsymbol gehörende Prädikat **satz** mit der
leeren Liste als zweitem Argument aufruft:

```
parse(X) if
     satz(X ())
```

Die Wirkungsweise des Parsers veranschaulichen wir an einem
Beweisbaum:

```
satz((the girl loves the boy) ())
     (1)
np((the girl loves the boy) X)
vp((X ()))
      |
    (2)|
      |
art((the girl loves the boy) Y)
nom(Y X)
vp(X ())
      |
    (10)|              (girl loves the boy)/Y
      |
nom((girl loves the boy) X)
vp(X ())
      |
    (6) |              (loves the boy)/X
      |
vp((loves the boy) ())
      |
    (4) |
      |
verb((loves the boy) Z)
np(Z ())
      |
    (9) |              (the boy)/Z
      |
np((the boy) ())
      |
    (2) |
      |
art((the boy) X1)
nom(X1 ())
      |
    (10)|              (boy)/X1
      |
nom((boy) ())
      |
    (5) |
      |
        YES
```

Abb.1

Gegenüber dem Parser in 3.2.2 hat dieses Programm noch den
weiteren Vorteil, daß es ohne Änderung auch als Generator
benutzt werden kann:

all(x: satz(x ()))

(the boy kicked the boy)

(the boy kicked the girl)

usw.

3.3.2. Verallgemeinerung des Verfahrens

Die Methode der Differenzlisten läßt sich auf kontextfreie
Grammatiken übertragen, welche die folgende Normierungsbedingung
erfüllen:

(NORM) Die rechte Seite jeder Ersetzungsregel enthält
entweder keine terminalen Symbole oder genau ein
terminales und keine nichtterminalen Symbole.

Diese Bedingung ist keine echte Einschränkung, da man zu jeder
kontextfreien Grammatik, welche (NORM) nicht erfüllt, eine der
Bedingung genügende **äquivalente** kontextfreie Grammatik
angeben kann. Durch folgende "Übersetzungsregel" erhalten wir
ein PROLOG-Programm, welches (mit Ausnahmen, vgl. 3.3.3) als
Parser verwendbar ist:

(1)Jede Ersetzungsregel der Gestalt: NT1 ---> NT2 NT3 ... NTk
   wird übersetzt in die Klause:
   NT1(X1 Xk) if NT2(X1 X2) and NT3(X2 X3) and ...NTk(Xk-1 Xk).
(2)Jede Ersetzungsregel der Gestalt: NT ---> T
   wird übersetzt in die Klause: NT((T¦X) X)

Aufgabe 1:
Gegeben ist eine (kontextfreie) Grammatik durch:
Nichtterminale Symbole: {S}
Terminale Symbole: {a, b, c}
Ersetzungsregeln:
S ---> a S b
S ---> c
Startsymbol: S
Geben Sie eine äquivalente Grammatik an, welche (NORM) erfüllt.
Übersetzen Sie die Grammatik in einen PROLOG-Parser.

Lösung:
Jedes terminale Symbol T, welches nicht als einziges terminales
Symbol auf der rechten Seite einer Ersetzungsregel vorkommt,
ersetzen wir durch ein neues nichtterminales Symbol NT und fügen

die Regel NT ---> T dem Regelsystem an. Auf diese Weise erhalten
wir die folgende zur gegebenen Grammatik äquivalente Grammatik:

Nichtterminale Symbole: {S, A, B, }
Terminale Symbole: {a, b, c}

```
Neue Regeln          Parser
S ---> A S B         S(X Y) if A(X Z) and S(Z x) and B(x Y)
S ---> c             S((c¦X) X)
A ---> a             A((a¦X) X)
B ---> b             B((b¦X) X)
```

3.3.3. Gegenbeispiel, bei dem das Verfahren versagt

Aufgabe 2:
Wenden Sie das Verfahren auf die folgende Grammatik an:
Nichtterminale: {S}
Terminale: {a, b}
Ersetzungsregeln: T ---> T a T, T ---> b.
Begründen Sie das Versagen des Programms als Parser.

Lösung:
```
Neue Regeln:         Programm:
T ---> T A T         T(X Y) if T(X Z) and A(Z x) and T(x Y)
T ---> b             T((b¦X) X))
A ---> a             A((a¦X) X))
```

Wie man sich mit einem Beweisbaum leicht klar macht, führt z.B.
der Aufruf "is((parse (b a b a b) ()))" wegen der ersten Klause
von T in einen unvermeidbaren Zirkel. Derartiger Zirkel treten
insbesondere immer dann auf, wenn eine Regel der Gestalt
NT1 ---> **NT1** NT3 ...NTk vorkommt.

3.3.4. Automatische Erzeugung des Parsers

Gesucht ist ein PROLOG-Programm mit einem "Start-Prädikat"
gen-parser, das beim Aufruf "is((gen-parser)) die Eingabe
der Grammatik ermöglicht und diese in den zugeordneten
PROLOG-Parser übersetzt. Dabei setzen wir voraus, daß die
eingegebene Grammatik die in 3.3.2 formulierte Bedingung (NORM)
erfüllt. In dem folgenden Dialogbeispiel beginnen
Bildschirmanzeigen mit "*", während die Eingabe des Benutzers
auf das Promptzeichen ">" hin erfolgt:

&is(gen-parser)
* Beenden Sie jede Eingabe mit " ."
* Geben Sie die nichtterminalen Symbole ein,
  beginnen Sie mit dem Startsymbol
> term var opz .
* Geben Sie die terminalen Symbole ein
> a b c + - * .
* Geben Sie S1 S2...Sk für die Regel S1 ---> S2...Sk ein,
  beenden Sie die Eingabe der Regeln mit ende
> term var .
> term opz term term .
> var a .
> var b .
> var c .
> opz + .
> opz - .
> opz * .
> ende .

Listing des erzeugten Programms in der Standard-Syntax:


```
  ((opz (+|X) X))
  ((opz (-|X) X))
  ((opz (*|X) X))


  ((var (a|X) X))
  ((var (b|X) X))
  ((var (c|X) X))
```

```
  ((term X Y)
    (/* vars (X|v1) (Y|v2))
    (var X Y))

  ((term X Y)
    (/* vars (X|v1) (Z|v2) (x|v3) (Y|v4))
    (opz X Z)
    (term Z x)
    (term x y))

  ((parse X
    (term X ())))
```

Beispielaufruf:
is(parse ((* a + b c))) ---> YES

Wir beginnen mit der parameterfreien Start-Prozedur
gen-parser.

```
  gen-parser if
        PP(* Beenden Sie jede Eingabe mit "." ) and
        PP(* Geben Sie die nichtterminalen Symbole ein,
            beginnen Sie mit dem Startsymbol) and
        P(> ) and
        lies-liste (st|nt)) and
        PP(* Geben Sie die terminalen Symbole ein) and
        P(> ) and
        lies-liste(t) and
        produktionen((st|nt) t) and
        ADDCL(((parse X)(st X ())))) and
        (st nt t)vars
```

Mit Hilfe der Einleseprozedur **lies-liste** werden die Liste
(st|nt) der Nichtterminalen (mit dem Startsymbol st als erstem
Element) und die Liste t der Terminalen eingelesen und der
Prozedur **produktionen** übergeben. Diese besorgt die Eingabe
der Ersetzungsregeln und deren Übersetzung in PROLOG-Klausen.
Abschließend wird die benötigte Klause zu dem Prädikat **parse**
mit Hilfe des Systemprädikates **ADDCL** dem Programm in der
Standardsyntax hinzugefügt.

Das Prädikat **lies-liste(X)** ermöglicht das Einlesen einer
Sequenz von PROLOG-Termen, die mit dem Term "." abgeschlossen
wird. Es ist wie folgt rekursiv definiert:

```
lies-liste(X) if
     R(Y) and
     (either EQ(Y .) and EQ(X ()) and /
      or EQ(X (Y¦Z)) and lies-liste(Z))
```

Das hier benutzte Systemprädikat **R** (für READ) dient dem
Einlesen genau eines PROLOG-Terms während des Programmablaufs.
Beim Aufruf der Bedingung R(Y) wartet das System das Einlesen
des Terms durch den Benutzer ab und bindet diesen an die
Variable Y. Die Wirkung von **lies-liste** ist somit die
folgende:
Gibt man "." ein, so wird mit X die leere Liste ausgegeben.
Anderenfalls ist X eine Liste (Y¦Z), die Y als erstes
Element enthält, und deren Restliste Z infolge des rekursiven
Prozeduraufrufs gebildet wird.

Die Hauptarbeit wird von der Prozedur **produktionen** mit ihrer
Unterprozedur **auswerte** geleistet:

```
produktionen(nt t)
     PP(* Geben Sie S1 S2...Sk fuer die Regel S1 ---> S2...Sk
          ein, beenden Sie die Eingabe mit ende) and
     P(> ) and
     lies-liste(X) and
     auswerte(X nt t) and
     (nt t)vars

auswerte((ende) X Y))

auswerte((NT T) nt t) and
     ON(NT nt) and
     ON(T t) and
     ADDCL(((T (NT¦X) X))) and
     produktionen(nt t) and
     (NT T nt t)vars
```

```
auswerte(X nt t) if
     TEILMENGE(X nt) and
     kodiere(X Y) and
     ADDCL(Y) and
     produktionen(nt t) and
     (nt t)vars

auswerte(X Y Z) if
     PP(falsche Eingabe!) and
     produktionen(Y Z))
```

Die Bedeutung der ersten und vierten Klause von **auswerte** ist
klar. Die zweite Klause übersetzt Ersetzungsregeln der Gestalt
NT ---> T, wobei NT für ein nicht-terminales und T für ein
terminales Symbol der Grammatik steht. Die zu erzeugende Klause
hat in der Standardsyntax die Gestalt ((NT (T¦X) X)).
Schwieriger ist die Aufgabe der dritten Klause, welche jede
Ersetzungsregeln der Gestalt
NT1 ---> NT2 NT3 ...NTk in die Klause
((NT1 v1 vk)(NT2 v1 v2)(NT3 v2 v3)...(NTk vk-1 vk))
übersetzen muß. Dieses besorgt die Unterprozedur **kodiere**:

```
kodiere((t1¦nt) klause) if
     LENGTH((t1¦nt) k) and
     varvorrat(X) and
     varnamen(k X (v1¦vliste)) and
     LETZTES(vliste vk) and
     gen-rumpf(nt (v1¦vliste) Y) and
     APPEND(((t1 v1 vk)¦Y) ((vars v1¦vliste)) klause) and
     (t1 nt klause k v1 vk vliste)vars
```

Nachdem die Prozedur **varnamen** die Liste (v1 v2 ...vk) von k
Variablennamen erzeugt und die Prozedur LETZTES(vliste vk) das
letzte Element dieser Liste ermittelt hat, wird die
Variablenliste von der Prozedur **gen-rumpf** benutzt, um den
Rumpf ((NT2 v1 v2)(NT3 v2 v3)...(NTk vk-1 vk)) der Klause zu
erstellen. Schließlich muß die generierte Klause noch durch die
Variablendeklaration (vars v1 v2...vk) ergänzt werden. Wir
notieren abschließend die Definition der Prädikate **LETZTES**,
varvorrat, **varnamen** und **gen-rumpf**:

```
LETZTES(X Y) if
    APPEND(Z (Y) X)

varvorrat((v1 v2 v3 v4 v5 v6 v7 v8))

varnamen(0 X ())

varnamen(X (Y¦Z) (Y¦x)) if
    SUM(y 1 X) and
    varnamen(y Z x)

gen-rumpf () X ()))

gen-rumpf (nt2¦ntliste) (v1 v2¦vliste) ((nt2 v1 v2)¦X))
    gen-rumpf ntliste (v2¦vliste) X)
    (vars nt2 ntliste v1 v2 vliste))
```

Die Prozedur **varnamen**(k X Y) entnimmt der in **varvorrat**(X)
gespeicherten Namenliste (v1 v2 ...v8) die ersten k Elemente und
bildet aus ihr die benötigte Liste Y von Variablennamen.

Es ist zweckmäßig, das ganze Programm in einem **Modul** mit dem
Modulnamen "parser-mod" zu verpacken und unter dem Filenamen
"parser" abzuspeichern. Zu diesem Zweck fügen wir Modulnamen,
Exportliste und Importliste als Argumente des Prädikates
Module dem Programm an. Man beachte, daß alle im Programm
verwendeten Konstanten, selbst der "." aus der Prozedur
lies-liste der Importliste eingefügt werden müssen:

```
((Module parser-mod (gen-parser)
 (APPEND ON LENGTH parse vars add list all ende .)))
```

Nachdem wir den Modul mit dem Befehl **wrap parser** verpackt
und unter dem File-Namen "parser" abgespeichert haben, können
wir das Programm mit "is(gen-parser)" aufrufen und die jeweilige
Grammatik eingeben. Anschließend ist nur der erzeugte Parser im
Arbeitsspeicher, den wir dann mit LIST ALL in der
Standard-Syntax auslisten können. Einzelheiten über das Bilden
von Moduln entnehme der Leser dem Manual.

3.4. Produktionssysteme

3.4.1 Generieren von Sätzen durch Substitution

Eine allgemeine Methode zur Generierung der Wörter einer
Grammatik, die man insbesondere bei Implementierung in der
Sprache LISP verwendet, beruht auf der **Ersetzungsmethode**,
die wir beispielhaft in 3.1.2 zur Ableitung des Termes
"[d * [c - b]]" aus dem Startsymbol TERM und in 3.2.1 zur
Ableitung des Satzes "the sad boy kicked the ball" aus dem
Startsymbol SATZ verwendet haben. Wegen dieser Methode nennt man
die Regeln einer Grammatik **Ersetzungsregeln**. Sie ist für
PROLOG untypisch und weniger effizient als die Benutzung des
Parsers als Generator, da sie die spezielle Fähigkeit von PROLOG
zum Backtracking nicht ausnutzt. Das Verfahren ist jedoch ein
einfaches Beispiel für ein **vorwärts**-verkettendes
Produktionssystem, so daß wir diesen auch für PROLOG
nützlichen Begriff am Beispiel der Substitutionsmethode erörtern
wollen.

Wir notieren noch einmal die Substitutionsregeln (auch
Produktionen genannt) für die englische Grammatik aus 3.2.1
und die Ableitung desjenigen Satzes, den man erhält, wenn man
jeweils die **erste** der anwendbaren Substitutionsregeln
anwendet.

```
(P1)   SATZ ---> NP VP
(P2)   NP   ---> ART N
(P3)   NP   ---> ART ADJ N
(P4)   VP   ---> V NP
(P5)   NOM  ---> boy
(P6)   NOM  ---> girl
(P7)   NOM  ---> ball
(P8)   VERB ---> kicked
(P9)   VERB ---> loves
(P10)  ART  ---> the
(P11)  ART  ---> a
(P12)  ADJ  ---> happy
(P13)  ADJ  ---> sad
```

```
(SATZ) --(P1)-->   (NP VP)
       --(P2)-->   (ART NOM VP)
       --(P4)-->   (ART NOM VERB NP)
       --(P2)-->   (ART NOM VERB ART NOM)
       --(P5)-->   (ART boy VERB ART NOM)
       --(P5)-->   (ART boy VERB ART boy)
       --(P8)-->   (ART boy kicked ART boy)
       --(P10)-->  (the boy kicked ART boy)
       --(P10)-->  (the boy kicked the boy)
```

Beginnend mit dem **Anfangszustand** (SATZ) wird die jeweils
erste anwendbare Ersetzungsregel angewendet. Dabei heißt
eine Ersetzungsregel **anwendbar**, wenn das nichtterminale
Symbol der linken Seite wenigstens einmal in der den jeweiligen
Zustand repräsentierenden Liste enthalten ist. **Anwendung** der
Ersetzungsregel bedeutet, daß das nichtterminale Symbol an der
ersten Stelle, an der es in der Liste vorkommt, durch die
Symbole auf der rechten Seite der Ersetzungsregel ersetzt wird.

Aufgabe:
Definieren Sie ein Prädikat **prod**(X Y), dessen Klausen den
Ersetzungsregeln der Grammatik entsprechen und das die
jeweiligen Substitutionen besorgt. Es soll aufgerufen werden von
dem Prädikat **generiere-satz**(X Y), das beim Aufruf
"all(x: generiere-satz((SATZ) x))" alle Sätze der Grammatik
generiert.

Lösung:
Das Prädikat **generiere-satz** übernimmt die Rolle der
"repeat-Anweisung" in einer konventionellen Programmiersprache
(wie z.B. PASCAL). Sie sorgt dafür, daß das Prädikat **prod**
solange auf die den jeweiligen Zustand repräsentierende Liste,
die anfangs nur das Startsymbol SATZ enthält, angewendet wird,
bis alle Nichtterminalen aus der Liste entfernt sind. Die
Druckanweisung in der zweiten Klause erlaubt es, die Veränderung
der Zustände zu verfolgen.

```
generiere-satz(X X) if
     FREMD(X (SATZ NP VP NOM VERB ART ADJ))

generiere-satz(X Y) if
     PP(* X) and
     prod(X Z) and
     generiere-satz(Z Y)
```

Jeder Ersetzungsregel (Produktion) entspricht eine Klause des
Prädikates **prod**(X Y). Alle Produktionen haben eine formal
ähnliche Gestalt. Beim Aufruf einer Produktion ist die Variable
X mit dem jeweiligen Zustand belegt. Die erste Bedingung der
Klause prüft, ob die Produktion auf den Zustand anwendbar ist.
Ist das der Fall, so wirkt die zweite Bedingung, die stets
erfüllbar ist, als **Aktionsteil** der Produktion, d.h. sie
führt die Substitution durch. Bei den Produktionen (P5) bis
(P13) wird jeweils ein nichtterminales Symbol durch ein
terminales ersetzt. Die Prüfung erfolgt mit Hilfe von **ON**,
die Substitution mit Hilfe eines vierstelligen Prädikates
substfirst(obj1 obj2 liste1 liste2), welches ein in liste1
vorkommendes Objekt obj1 an der ersten Stelle seines Auftretens
durch obj2 ersetzt und liste2 als neue Liste ausgibt. Bei den
Produktionen (P2) bis (P4) wird ein nichtterminales Symbol durch
wenigstens zwei nichtterminale Symbole ersetzt. Hier erfolgen
Prüfung und Aktion jeweils mit Hilfe von APPEND. Für die
Prüfung könnte man natürlich auch hier **ON** verwenden. Bei der
Verwendung von APPEND wird aber bereits eine Vorleistung für die
eventuelle Anwendung erbracht. Bei (P1) wird zur Wahrung der
Einheitlichkeit **EQ** zur Prüfung und zur Substitution
verwendet. Einfacher könnte man "prod((SATZ) (NP VP))" für diese
Klause schreiben.

```
prod(X Y) if
     EQ(X (SATZ)) and
     EQ(Y (NP VP))

prod(X Y) if
     APPEND(Z (NP¦x) X) and
     APPEND(Z (ART NOM¦x) Y)
```

```
prod(X Y) if
     APPEND(Z (NP|x) X) and
     APPEND(Z (ART ADJ NOM|x) Y)

prod(X Y) if
     APPEND(Z (VP|x) X) and
     APPEND(Z (VERB NP|x) Y)

prod(X Y) if
     ON(NOM X) and
     substfirst(NOM boy X Y)

prod(X Y) if
     ON(NOM X) and
     substfirst(NOM girl X Y)

prod(X Y) if
     ON(NOM X) and
     substfirst(NOM ball X Y)

prod(X Y) if
     ON(VERB X) and
     substfirst(VERB kicked X Y)

prod(X Y) if
     ON(VERB X) and
     substfirst(VERB loves X Y)

prod(X Y) if
     ON(ART X) and
     substfirst(ART the X Y)

prod(X Y) if
     ON(ART X)
     substfirst(ART a X Y)

prod(X Y) if
     ON(ADJ X) and
     substfirst(ADJ happy X Y)

prod(X Y) if
     ON(ADJ X)
     substfirst(ADJ sad X Y)

substfirst(X Y liste1 liste2) if
     APPEND(Z (X|x) liste1 and
     APPEND(Z (Y|x) liste2)
     (liste1 liste2)vars
```

Beispielaufruf:
all(x: generiere-satz((SATZ) x)
* (SATZ)
* (NP VP)
* (ART NOM VP)
* (ART NOM VERB NP)
* (ART NOM VERB ART NOM)
* (ART boy VERB ART NOM)
* (ART boy VERB ART boy)
* (ART boy kicked ART boy)
* (the boy kicked ART boy)
(the boy kicked the boy)   1.Lösung
* (the boy kicked the boy)
(the boy kicked a boy)   2.Lösung
usw.

3.4.2. Begriff des Produktionssystem
Allgemein gehören zu einem **Produktionssystem**:
(a) Eine (lokale oder globale) **Datenbasis** (z.B. wie im
    obigen Beispiel eine Liste mit Elementen);
(b) ein System von **Produktionen**, d.h. Regeln der Gestalt:
    <Bedingung> ---> <Aktion>,
    welche die Datenbasis verändern;
(c) ein Interpreter, welcher prüft, ob eine Produktion auf die
    jeweilige Datenbasis anwendbar ist oder nicht und im
    Falle der Anwendbarkeit die Aktion ausführt.

Da i.a. nicht nur eine einzige Produktion auf den jeweiligen
Zustand der Datenbasis anwendbar ist, muß geregelt sein, welche
der anwendbaren Produktionen angewendet werden soll
(Konfliktlösungsstrategie). Im einfachsten Fall wird stets die
erste anwendbare Produktion "gefeuert" (angewendet). In diesem
Fall erübrigt es sich, **vor** der Anwendung einer Produktion
alle Produktionen auf Anwendbarkeit zu prüfen. Wir wollen
uns auch im folgenden auf diesen Fall beschränken, weil man hier
auf einen besonderen Interpreter verzichten kann, sofern man die
Produktionen (wie im obigen Beispiel) als Klausen eines
Prädikates **prod** notiert.

3.5. Berechnung arithmetischer Ausdrücke

Im Gegensatz zu anderen interaktiven Programmiersprachen wie
LOGO oder LISP lassen sich mit micro-PROLOG arithmetische
Rechenausdrücke in der üblichen Operator-Darstellung wie etwa
(5 + 7) * (23 - 4 * 3) nicht direkt berechnen. Vielmehr ist ein
aufwendiger und unübersichtlicher Frageaufruf dazu erforderlich:
which(X: SUM(5 7 Y) and TIMES(4 3 Z) and SUM (x Z 23)
        and TIMES(Y x X)).

Nun ist PROLOG nicht entwickelt worden, um als Taschenrechner zu
fungieren. Unser Interesse an einem PROLOG-Programm, mit dem man
beliebig geschachtelte Rechenausdrücke in der üblichen
Operator-Darstellung berechnen kann, ist deshalb primär ein
theoretisches. Wir wollen an einem einfachen Beispiel zeigen,
wie man das Konzept des **Produktionssystems** auch in PROLOG
sinnvoll einsetzen kann. Die Methode läßt sich ohne
Schwierigkeiten auch auf komplexere Problemstellungen, wie etwa
das Vereinfachen algebraischer Terme, übertragen (vgl.3.6).

3.5.1. Problemformulierung und Eingabe
Nach Aufruf des Programms durch "start." soll das Promptzeichen
">" eine Ebene definieren, die einen Eingabe-Auswertung-Ausgabe-
Zyklus der folgenden Art ermöglicht:

```
& start.
> (5 + 7) * (23 - 4 * 3),        (Eingabe, wird beendet mit ","))
Ergebnis: 136                    (Auswertung und Ausgabe)
> 3 * + 4,
Eingabefehler!
> 3 * (-4),
Ergebnis: -12
> (5 - 2 * (36 : 9)) - 7 : 2,
Ergebnis: -6.5
> ende,
&
```

Zur Definition der Prozedur **start** benötigen wir zwei
Unterprozeduren **term**(X) und **berechne**(X Y). Nach Einlesen
eines Rechenausdrucks wie z.B. 3 * (5 - 2) mit Hilfe der uns aus
3.3.4 bekannten Prozedur **lies-liste**(X) wird dieser als Liste
(3 * (5 - 2)) repräsentiert und an die Variable X gebunden. Mit
Hilfe von **term**(X) wird anschließend geprüft, ob es sich um
einen zulässigen Rechenausdruck handelt oder nicht. Im ersteren
Fall wird mit Hilfe der Prozedur **berechne**(Y (Z)) der Wert Z
des Rechenausdrucks Y berechnet und anschließend ausgedruckt.
Anderenfalls wird die Fehlermeldung "Eingabefehler!" ausgegeben.
In beiden Fällen wird durch anschließenden Aufruf von start(.)
der Eingabe-Auswertung-Ausgabe-Zyklus abgeschlossen. Wir
definieren daher die Prozedur **start** wie folgt:

```
    start(X) if
        P(>   ) and
        lies-liste (Y) and
        not EQ(Y ende) and
          (either not term(Y) and PP(Eingabefehler!)
            or berechne(Y (Z)) and PP(Ergebnis :Z))  and
        start(.)

    lies-liste(X) if
        R(Y) and
        (either EQ(Y ,) and EQ(X ()) and /
         or EQ (X (Y¦Z)) and lies-liste(Z))
```

3.5.2 Der Termbegriff

Mit Hilfe von **term**(X) wird geprüft, ob ein durch **lies-liste**
eingelesener und als Liste repräsentierter Ausdruck ein Term ist
oder nicht. Beispiele für Terme sind:
(12), (-23.3), (12 + -9), (-3 * -9 + -23) und
((-4) - 34 * (12 * (4 - 7))).
Wie man sieht, sehen wir von der überflüssigen, aber üblichen
Forderung ab, negative Zahlen in Klammern zu setzen. Da wir es
mit Zahlen und nicht mit Zahlwörtern zu tun haben und außerdem
geschachtelte Listen verwenden wollen, verzichten wir auf eine
Definition des Termbegriffs als Grammatik. Statt dessen begnügen
wir uns mit der folgenden rekursiven Definition:

(1) Jede Liste, die als einziges Element eine Zahl oder einen
Term enthält, ist ein Term.
(2) Eine wenigstens dreielementige Liste ist ein Term, wenn ihr
zweites Element eines der Operationszeichen +, -, * ist, ihr
erstes Element eine Zahl oder ein Term und die Restliste ein
Term.

Aufgabe 1:
a) Beweisen Sie durch Rückwärtsverketten, daß ((-7) * (-4 + 56))
ein Term ist.
b) Übersetzen Sie die Definition für den Termbegriff in ein
PROLOG-Prädikat **term**.

Lösung von a):
Wegen (2) ist ((-7) * (-4 + 56)) ein Term, falls (-7) und
((-4 + 56)) Terme sind.
Wegen (1) ist (-7) ein Term.
Wegen (1) ist ((-4 + 56)) ein Term, falls (-4 + 56) ein Term ist.
Wegen (2) ist (-4 + 56) ein Term, falls (56) ein Term ist.
Wegen (1) ist (56) ein Term.

Lösung von b):

```
  term((X)) if
      (either NUM(X) or term(X))

  term((X Y|Z) if
      ON(Y (+ - *) and
      (either NUM(X) or term(X))
      term(Z)
```

3.5.3. Die Berechnungsprozedur als Produktionssystem

Die Prozedur **berechne** definieren wir als ein aus fünf
Produktionen bestehendes **Produktionssystem**. Bei der
folgenden umgangsprachlichen Definition beachte man, daß ein
Term stets eine Liste ist:

(P1) **Wenn** ein Term einen oder mehrere Terme als Teilterme
enthält, **dann** wird auf den ersten dieser Teilterme das
Prädikat **berechne** angewendet und die Ergebniszahl anstelle
des Teilterms substituiert.
Beispiel: (5 - (3 - 7 * 2) + (12 : 3 + 5)) --->
        (5 -   -11   + (12 : 3 + 5))

(P2) **Wenn** ein Term einen oder mehrere Ausdrücke der Gestalt
"zahl1 * zahl2" enthält, **dann** wird der erste dieser
Ausdrücke durch das **Produkt** von zahl1 und zahl2 ersetzt.
Beispiel: (5 * (15 - 3) + 12 * -3 - 4 * 11) --->
        (5 * (15 - 3) + -36   - 4 * 11)

(P3) **Wenn** ein Term einen oder mehrere Ausdrücke der Gestalt
"zahl1 : zahl2" enthält, **dann** wird der erste dieser
Ausdrücke durch den **Quotienten** von zahl1 und zahl2 ersetzt.
Beispiel: (-11 - 24 : -3 + 16 : 2) --->
        (-11 -   -8   + 16 : 2)

(P4) **Wenn** ein Term auf unterster Ebene nur + und - als
Operationszeichen enthält, und der Term mit einem Ausdruck der
Gestalt "zahl1 + zahl2 beginnt, **dann** wird dieser durch die
Summe von zahl1 und zahl2 ersetzt.
Beispiel: (12 + 9 - (5 * 3) - 45) --->
        (21 - (5 * 3) - 45)

(P5) **Wenn** ein Term auf unterster Ebene nur + und - als
Operationszeichen enthält, und der Term mit einem Ausdruck der
Gestalt "zahl1 - zahl2" beginnt, **dann** wird dieser durch die
Differenz von zahl1 und zahl2 ersetzt.
Beispiel: (14 - 45 + (63 : 7)) --->
        (-31 + (63 : 7)))

Jeder Berechnungsschritt besteht in der Anwendung der ersten
anwendbaren Produktion (in der gegebenen Reihenfolge). Es werden
so lange Berechnungsschritte durchgeführt, bis der Term als
einziges Element eine Zahl enthält.

Beispiel 1:   (12 - 5 * 7 + 18 : 2 - 3)
P2:   (12 - 5 * 7 + 18 : 2 - 3)   ---> (12 - 35 + 18 : 2 - 3)
P3:   (12 - 35 + 18 : 2 -3)   ---> (12 - 35 + 9 - 3)
P5:   (12 - 35 + 9 - 3)   ---> (-23 + 9 - 3)
P4:   (-23 + 9 - 3)   ---> (-14 - 3)
P5:   (-14 - 3)   ---> (-17)

Beispiel 2:   (50 - (4 * 13 - 9) - 25)
P2:   (50 - (4 * 13 - 9) - 25)   ---> (50 - 43 - 25)
NR: P2: (4 * 13 - 9) ---> (52 - 9)
      P5: (52 - 9)   ---> (43)
P5   (50 - 43 - 25)   ---> (7 - 25)
P5   (7 - 25)   ---> (-18)

Da im zweiten Beispiel die Produktion (P2) die Prozedur
vereinfache aufruft, handelt es sich um ein **rekursives**
Produktionssystem. Auf diese Weise wird es möglich,
Rechenausdrücke mit beliebig vielen Klammerebenen zu berechnen.
Generell ist es zulässig, daß der Aktionsteil einer Produktion
wiederum ein Produktionssystem aufruft. Auf diese Weise kann ein
Produktionssystem sich auch selber aufrufen.

Aufgabe 2:
Definieren Sie die Prozedur **berechne**(X Y) als ein
Produktionssystem. Jeder Produktion soll eine Klause des
Prädikates **prod**(X Y) entsprechen.

Lösung:

```
  berechne(X X) if
      zielterm(X)

  berechne(X Y) if
      NOT zielterm(X) and
      prod(X Z) and
      berechne(Z Y)

  zielterm((X)) if
      NUM(X)
```

```
prod(X Y) if
     APPEND(Z (x¦y) X) and
     LST(x) and
     berechne(x (z)) and
     APPEND(Z (z¦y) Y)

prod(X Y) if
     APPEND(Z (x * y¦z) X) and
     NUM(x) and
     NUM(y) and
     TIMES(x y X1) and
     APPEND(Z (X1¦z) Y)

prod(X Y) if
     APPEND(Z (x : y¦z) X) and
     NUM(x) and
     NUM(y) and
     TIMES(y X1 x) and
     APPEND(Z (X1¦z) Y)

prod((X + Y¦Z) (x¦Z)) if
     not ON(* Z) and
     not ON(: Z) and
     NUM(X) and
     NUM(Y) and
     SUM(X Y x)

prod((X - Y¦Z) (x¦Z)) if
     not ON(* Z) and
     not ON(: Z) and
     NUM(X) and
     NUM(Y) and
     SUM(Y x X)
```

3.6. Umformung algebraischer Terme

Ziel dieses Kapitels ist ein PROLOG-Programm, welches in der
Lage ist, algebraische Terme, wie sie im Algebraunterricht der
Schule vorkommen, zu vereinfachen, z.B.:

(3a - 5b + 7) * (5a + 2b - 3)
= 15aa - 19ab + 26a + 10bb + 29b - 21

(2b - b * (3a - a)) - (4b * (5a + 2c (a - b)))
= -18ab - 24ab - 8abc + 8bbc

Bruchterme sollen nicht zugelassen sein. Auch auf Potenzen soll
der Einfachheit halber verzichtet werden, so daß wir
(a - b) * (a - b) anstelle von $(a - b)^2$ schreiben und
aabbc anstelle von $a^2 b^2 c$.

Den Kern des Programms bildet ein Produktionssystem von sechzehn
Produktionen, die den eingegebenen Term sukzessive in einen Term
umformen, welcher die Zielbedingung (eines nicht weiter zu
vereinfachenden Terms) erfüllt. Der Term soll so ein- bzw.
ausgegeben werden, wie die obigen beiden Beispiele zeigen. Nach
dem Einlesen muß er in eine für PROLOG geeignete Repräsentation
umkodiert werden. Nach der Umformung durch das Produktionssystem
wird der vereinfachte Term dekodiert ausgegeben.

3.6.1. Der Termbegriff
Wir unterscheiden zwischen **Wort-Termen** und **Listen-Termen**.
Beispiele für Wortterme sind: 34ab, -5a, 63, -105, aabbc.
Beispiele für Listenterme sind die Eingabe- und Ausgabe-Terme
der beiden obigen Beispiele. Für die interne Repräsentation
nutzen wir die Gegebenheiten aus, die micro-PROLOG bietet.

Wortterme werden als Listen repräsentiert, deren erstes
Element eine Zahl ist, und deren Restliste entweder leer ist
oder Buchstaben aus dem Alphabet {a,b,c,d} enthält.
Beispielsweise werden die obigen Wortterme durch die folgenden

- 120 -

Listen repräsentiert:
(34 a b), (-5 a), (63), (-105), (1 a a b b c).

Listenterme werden repräsentiert als Listen, deren Elemente
Listenterme, Wortterme und die Rechenzeichen +, - und * sein
können. Für die obigen beiden Beispiele erhalten wir
beispielsweise:

(((3 a) - (5 b)) * ((5 a) + (2 b) - (3)))
= ((15 a a) - (19 a b) + (26 a) + (10 b b) + (29 b) - (21))

((2 b) - (1 b) * ((3 a) - (1 a))) - ((4 b) * ((5 a) +
                                    (2 c) * ((1 a) - (1 b)))))
= ((-18 a b) - (24 a b) - (8 a b c) + (8 b b c))

Die folgenden Definitionen der Begriffe **Wortterm**, **Term**
und **Listenterm** beziehen sich auf die innere Repräsentation:
(a) Eine Liste ist ein **Wortterm**, falls ihr erstes Element
eine Zahl ist und die Elemente der Restliste der Menge
{a, b, c, d} angehören.
(b) Jeder Wortterm ist ein **Term**,
(c) Die Liste (X) ist ein **Term**, falls X ein Term ist.
(d) Die Liste (- X) ist ein **Term**, falls X ein Term ist.
(e) Eine Liste der Gestalt (X opz¦Y) ist ein **Term**,
falls X und Y Terme sind und opz eines der Rechenzeichen +,-,*.
(f) Eine Liste der Gestalt (- X opz¦Y) ist ein **Term**,
falls X und Y Terme sind und opz eines der Rechenzeichen +,-,*.
(g) Jeder Term, der kein Wortterm ist, ist ein **Listenterm**.

Als PROLOG-Definitionen:

```
    wortterm((X¦Y)) if
        NUM(X) and
        (forall Z ON Y then Z ON (a b c d))

    term(X) if
        wortterm(X)

    term((X)) if
        term(X)
```

```
term((- X)) if
     term(X)

term((X Y¦Z)) if
     term(X) and
     term(Z) and
     Y ON (+ - *)

term((- X Y¦Z)) if
     term(X) and
     term(Z) and
     Y ON (+ - *)
```

Weiß man bereits, daß ein Term vorliegt, so prüft die folgende
Klause, ob der Term ein **Listenterm** ist:

```
listenterm((X Y¦Z)) if
     Y ON (+ - *)
```

Für die Formulierung der Produktionen in 3.6.2 benötigen wir
noch die Relation **gleichartig** für Wortterme und die Begriffe
Aggregat und **Zielterm**.

Zwei Wortterme $(X¦x)$ und $(Y¦y)$ heißen **gleichartig,**
falls sich ihre Restlisten höchstens in der Reihenfolge der
Buchstaben unterscheiden.
Beispiel: (12 a b c) und (-5 c a b) sind gleichartige Wortterme.

Aggregate sind Listenterme, die nur Wortterme (mit von 0
verschiedenem ersten Element) und die Rechenzeichen "+" und "-"
enthalten, also weder Listenterme noch "*".
Beispiel: ((3 a b) - (-4 b c) + (5)) - (-5 b a)

Zielterme sind Aggregate, die
- sich (durch Zusammenfassung gleichartiger Wortterme) nicht
weiter reduzieren lassen,
- mit Ausnahme des ersten Wortterms nur Wortterme enthalten,
deren erstes Element eine **positive** Zahl ist.

Beispiel: Das Aggregat des obigen Beispiels läßt sich
vereinfachen zu dem Zielterm:
((-2 a b) + (4 b c) + (5))

Ein Aggregat heißt **unreduziert**, falls es zwei gleichartige
Wortterme enthält.

Als PROLOG-Definitionen:

```
gleichartig((X¦Y) (Z¦x)) if
     PERMUT(Y x)

aggregat((X)) if
     wortterm(X)

aggregat((X Y¦Z)) if
     wortterm(X) and
     not X EQ (0¦x) and
     Y ON (+ -) and
     aggregat(Z)

zielterm((X¦Y)) if
     aggregat((X¦Y)) and
     (forall (Z¦x) ON Y then LESS(0 Z)) and
     not unreduziert((X¦Y))

unreduziert(X) if
     APPEND(Y (Z¦x) X) and
     wortterm(Z) and
     ON(y x) and
     gleichartig (Z y)
```

3.6.2. Vereinfachung von Aggregaten

Wir definieren in diesem Unterkapitel ein Produktionssystem,
welches beliebige Aggregate zu Zieltermen vereinfacht. In den
folgenden Unterkapiteln erweitern wir das Produktionssystem
durch Hinzufügen neuer Produktionen, so daß es schließlich
beliebige Terme zu Zieltermen vereinfacht.

- 123 -

Das Produktionssystem wird durch das Prädikat
vereinfache(X Y) aufgerufen:

```
vereinfache(X X) if
     zielterm(X)

vereinfache(X Y) if
     prod ! (X Z) and
     PP(** Z)
     vereinfache(Z Y)
```

Solange der eingegebene Term X kein Zielterm ist, wird entweder
genau eine Produktion (Klause des Prädikates prod) zur Anwendung
gebracht oder der eingegebene Term kann mit den gegebenen
Produktionen nicht in einen Zielterm umgeformt werden. Im
letzten Fall verhindert "!" unnützes Backtracking. Die
Druckanweisung dient dem Ausdruck von Zwischenergebnissen.

Als erstes definieren wir zwei Produktion, die dafür sorgen, daß
in dem Aggregat (mit Ausnahme des ersten Wortterms) nur
Wortterme mit **positivem** Zahlanteil vorkommen, z.B.:
all(x: prod(((-4 a) + (-3 b) - (4 c) - (-5 d)))
((-4 a) - (3 b) - (4 c) - (-5 d))
((-4 a) + (-3 b) - (4 c) + (5 d))

```
prod(X Y) if
     APPEND(Z (+ (zahl1|x)|y) X) and
     LESS(zahl1 0) and
     INV(zahl1 zahl2) and
     APPEND(Z (- (zahl2|x)|y) Y) and
     (zahl1 zahl2)vars

prod(X Y) if
     APPEND(Z (- (zahl1|x)|y) X) and
     LESS(zahl1 0) and
     INV(zahl1 zahl2) and
     APPEND(Z (+ (zahl2|x)|y) Y)
     (zahl1 zahl2)vars

INV(X Y) if
     SUM(X Y 0)
```

Gesucht sind weiterhin eine oder mehrere Produktionen, welche
gleichartige Wortterme innerhalb eines Aggregates
zusammenfassen, z.B.:

```
all(x: prod( ((3 a b) - (5 b c) + (-11 a b) - (-6 c b)) x)
((-8 a b) - (5 b c) - (-6 c b))
((3 a b) + (1 b c) + (-11 a b))
```

Bei der ersten Lösung wurden die Listensegmente "(3 a b)" und
"+ (-11 a b)" aus dem Term entfernt und das Substitut "(-8 a b)"
an die Stelle des ersten Listensegments gesetzt.
Bei der zweiten Lösung wurden die Listensegmente "- (5 b c)" und
"- (-6 c b)" aus dem Term entfernt und das Substitut "+ (1 b c)"
an die Stelle des ersten Listensegmentes gesetzt.
Das Gewünschte wird jeweils von den folgenden beiden Klausen des
Prädikates **prod** geleistet:

```
prod(((zahl1¦var1)¦X) ((zahl4¦var1)¦Y)) if
     APPEND(Z (opz (zahl2¦var2)¦x) X) and
     gleichartig((zahl1¦var1) (zahl2¦var2)) and
     kod-opz(opz zahl2 zahl3) and
     SUM(zahl1 zahl3 zahl4) and
     APPEND(Z x Y) and
     (zahl1 zahl2 zahl3 zahl4 var1 var2 opz)vars

prod((X Y) if
     APPEND(Z (opz1 (zahl1¦var1)¦x) X) and
     APPEND(y (opz2 (zahl2¦var2)¦z) x) and
     gleichartig((zahl1¦var1)(zahl2¦var2)) and
     sum((opz1 zahl1) (opz2 zahl2) (opz3 zahl3)) and
     APPEND(y z X1) and
     APPEND(Z (opz3 (zahl3¦var1)¦X1) Y) and
     (zahl1 zahl2 zahl3 opz1 opz2 opz3 var1 va2)vars
```

Betrachten wir Aufbau und Wirkungsweise der zweiten Klause:
Die ersten drei Zeilen bilden den Bedingungsteil der Produktion.
Hier werden zwei Segmente "opz1 (zahl1¦var1)" und
"opz2 (zahl2¦var2)" zu gleichartigen Worttermen gesucht. Ist
die Suche erfolgreich, so treten die den Aktionsteil bildenden
drei letzten Zeilen in Kraft. Zunächst wird durch

sum zu den beiden aus einem Rechenzeichen und einer Zahl
bestehenden Paaren (opz1 zahl1) und (opz2 zahl2) das Paar
(opz3 zahl3) gebildet, wobei zahl3 stets eine nicht-negative
Zahl ist. In den letzten beiden Zeilen werden die Listen wieder
so zusammengesetzt, daß das Segment "opz3 (zahl3 var1)" an die
Stelle von "opz1 (zahl1¦var1)" tritt und das Segment
"opz2 (zahl2¦var2)" entfällt. Die Wirkung von **sum**(X Y Z)
sei an den folgenden Beispielen verdeutlicht:
which(x: sum((+ 4) (+ -7) x) ---> (- 3)
which(x: sum((- 9) (+ 13) x) ---> (+ 4)
which(x: sum((+ 5) (- -8) x) ---> (+ 13)
Zur Definition von **sum** benutzen wir die Hilfsprädikate
kod-opz((opz zahl1) zahl2) und **dekod-opz**(zahl1 (opz
zahl2)), deren Wirkung aus ihren Definitionen unmittelbar
hervorgeht:

```
  kod-opz((+ X) X))

  kod-opz((- X) Y) if
       INV(X Y)

  dekod-opz(X (+ X)) if
       not LESS(X 0)

  dekod-opz(X (- Y)) if
       LESS(X 0) and
       INV(X Y)

  sum((opz1 zahl1) (opz2 zahl2) (opz3 zahl3)) if
       kod-opz((opz1 zahl1) X) and
       kod-opz((opz2 zahl2) Y) and
       SUM(X Y Z) and
       dekod-opz(Z (opz3 zahl3) and
       (zahl1 zahl2 zahl3 opz1 opz2 opz3)vars
```

Die erste Klause von prod behandelt den Sonderfall, bei dem das
erste Listensegment von der Umformung betroffen ist. Bei der
Anwendung des nunmehr aus vier Produktionen bestehenden
Produktionssystems kann es vorkommen, daß ein Wortterm mit dem
Zahlanteil 0 entsteht. Solche Terme müssen aus dem Aggregat

entfernt werden. Dies geschieht mit Hilfe der folgenden vier
Produktionen, deren Wirkung unmittelbar verständlich sein
dürfte:

```
prod(((0|X)) ((0)))

prod(((0|X) +|Y) Y)

prod(((0|X) - (zahl1|Z)|x) ((zahl2|Z)|x) ) if
      INV(zahl1 zahl2) and
      (zahl1 zahl2)vars

prod(X Y) if
      APPEND(Z (x (0|y)|z) X) and
      APPEND(Z z Y)
```

Beispielaufruf:
```
all(x: vereinfache (((17 a b) - (-4 a c) - (11 a b) - (4 a c)) x))
** ((17 a b) + (4 a c) - (11 a b) - (4 a c))
** ((6 a b) + (4 a c) - (4 a c))
** ((6 a b) + (0 a c))
** ((6 a b))
((6 a b))
```

3.6.3. Produktionen zum Auflösen von Klammern

Es sollen jetzt auch Terme vereinfacht werden, die durch
Addition und Subtraktion von Aggregaten entstehen, wie z.B.:
```
(((14 a) - (3 b)) + ((11 b) - (7 c)) - ((9 c) - (3 a)))
```
Dazu benötigen wir Produktionen, die Klammern "auflösen". Eine
Vereinfachung mit Hilfe des durch die neuen Produktionen
ergänzten Produktionssystems aus 3.6.2. könnte dann so aussehen:

```
which(x: vereinfache
  (((14 a) - (3 b)) + ((11 b) - (7 c)) - ((9 c) - (3 a))) x))
** ((14 a) - (3 b) + ((11 b) - (7 c)) - ((9 c) - (3 a)))
** ((14 a) - (3 b) + (11 b) - (7 c) - ((9 c) - (3 a)))
** ((14 a) - (3 b) + (11 b) - (7 c) - (9 c) + (3 a))
- - -

((17 a) + (8 b) - (16 c))
```

Diese Lösung setzt voraus, daß die neuen Produktionen zur
Klammerauflösung an den Anfang des alten Produktionssystems
gesetzt werden. Wie das Beispiel zeigt, müssen wir drei Fälle
unterscheiden:

```
( ((14 a) - (3 b)) ...) ---> ( (14 a) - (3 b) ...)
(... + ((11 b) - (7 c)) ...) ---> (... + (11 b) - (7 c) ...)
(... - ((9 c) - (3 a)) ...)  ---> (... - (9 c) + (3 a) ...)
```

Sie werden durch die folgenden drei Produktionen abgedeckt:

```
  prod((X¦Y) Z) if
        not (ON * Y) and
        aggregat(X) and
        APPEND(X Y Z)

  prod(X Y) if
        not ON(* X) and
        APPEND(Z (+ x¦y) X) and
        aggregat(x) and
        APPEND((+¦x) y z) and
        APPEND(Z z Y)

  prod(X Y) if
        not ON(* X) and
        APPEND(Z (- x ¦ y) X) and
        aggregat(x) and
        inv-term((+¦x) z)
        APPEND(z y X1) and
        APPEND(Z X1 Y)

  inv-term(()())

  inv-term((+¦X)(-¦Y)) if
        inv-term(X Y)

  inv-term((-¦X)(+¦Y)) if
        inv-term(X Y)

  inv-term((X¦Y)(X¦Z)) if
        not X ON (+ -) and
        inv-term(Y Z)
```

Die Wirkungsweise der Hilfsprozedur **inv-term**(X Y) wird aus
dem folgenden Beispiel deutlich:

```
which(x: inv-term ((+ (3 a) - (5 b)) x )) ---> (- (3 a) + (5 b))
```

3.6.4. Produktionen für die Multiplikation

Um einen Term zu vereinfachen, in dem Produkte von Worttermen
oder Aggregaten vorkommen, wie z.B. in dem Term:
((3 a) * (-5 b) - ((11 a) - (3 b)) * ((5 a) + (-2 b)))
werden vier weitere Produktionen benötigt.
Zu ihrer Definition benutzen wir vier Prozeduren **times**,
distr1, **distr2** und **distr3**, die das Multiplizieren
zwischen Worttermen und Aggregaten besorgen:
which(x: times((3 a b) (-5 b c) x))
(-15 a b b c)
which(x: distr1((5 a) ((-2 b) + (3 c) - (6 d)) x))
((-10 a b) + (15 a c) - (30 a d))
which(x: distr2(((-2 b) + (3 c) - (6 d)) (5 a) x))
((-10 b a) + (15 c a) - (30 d a))
which(x: distr3(((3 a) - (5 b)) ((7 a) + (-2 b)) x))
((21 a a) + (-6 a b) - (35 b a) - (-10 b b))

```
    times((X¦Y)(Z¦x)(y¦z)) if
        TIMES(X Z y) and
        APPEND(Y x z)

    distr1(X (Y) (Z)) if
        times(X Y Z)

    distr1(X (Y opz¦Z) (x opz¦y) if
        times(X Y x) and
        distr1(X Z y) and
        (opz)vars

    distr2((X) Y (Z)) if
        times(X Y Z)

    distr2(X opz¦Y) Z (x opz¦y)
        times(X Z x) and
        distr2(Y Z y) and
        (opz)vars

    distr3((X) Y Z) if
        distr1(X Y Z)

    distr3((X +¦Y) Z x) if
        distr1(X Z y) and
        distr3(Y Z z) and
        APPEND(y (+¦z) x))
```

```
distr3((X -|Y) Z x) if
     distr1(X Z y) and
     distr3(Y Z z) and
     inv-term((+|z) X1) and
     APPEND(y X1 x)
```

Die Wirkungsweise der folgenden vier Produktionen ist nun

unmittelbar verständlich:

```
prod(X Y) if
     APPEND(Z (x * y|z) X) and
     wortterm(x) and
     wortterm(y) and
     times(x y X1) and
     APPEND(Z (X1|z) Y)

prod(X Y) if
     APPEND(Z (x * y|z) X) and
     wortterm(x) and
     aggregat(y) and
     distr1(x y X1) and
     APPEND(Z (X1|z) Y)

prod(X Y) if
     APPEND(Z (x * y|z) X) and
     aggregat(x) and
     wortterm(y) and
     distr2(x y X1) and
     APPEND(Z (X1|z) Y)

prod(X Y) if
     APPEND(Z (x * y|z) X) and
     aggregat(x) and
     aggregat(y) and
     distr3(x y X1) and
     APPEND(Z (X1|z) Y)
```

```
which(x: vereinfache ((((3 a) - (5 b)) * ((11 a) + (1 b))
                     - (4 a) * (13 b)) x))
** (((3 a) - (5 b)) * ((11 a) + (1 b)) - (52 a b))
** (((33 a a) + (3 a b) - (55 b a) - (5 b b)) - (52 a b))
** ((33 a a) + (3 a b) - (55 b a) - (5 b b) - (52 a b))
** ((33 a a) - (52 a b) - (5 b b) - (52 a b))
** ((33 a a) - (104 a b) - (5 b b))
((33 a a) - (104 a b) - (5 b b))
```

3.6.5. Vereinfachung beliebiger Terme

Unser bisheriges Produktionssystem vermag nur Terme zu
vereinfachen, die als Unterterme Aggregate enthalten. Um
beliebige Terme vereinfachen zu können, benötigen wir deshalb
eine Produktion, welche auf Unterterme zugreift, die keine
Aggregate sind, und diese in einer "Nebenrechnung" vorab zu
"Zieltermen" vereinfacht. Dieses erfolgt durch (rekursiven)
Aufruf der Prodzedur **vereinfache**.

```
prod(X Y) if
     APPEND(Z (x¦y) X) and
     listenterm (x) and
     not zielterm(x) and
     P(NR:)
     PP(x)
     vereinfache(x z) and
     PP(ENDE NR)
     APPEND(Z (z¦y) Y)
```

Die beiden Druckanweisungen markieren Anfang und Ende der
jeweiligen "Nebenrechnung". Da die Produktion nur angewendet
werden soll, wenn keine andere Produktion anwendbar ist, fügen
wir sie an das Ende des bisherigen Produktionssystems.

```
one(x:(vereinfache ((1 a) * ((2 b) -'(1 b) * ((3 a) - (1 a))) x))
NR:((2 b) - (1 b) * ((3 a) - (1 a)))
** ((2 b) - ((3 b a) - (1 b a)))
** ((2 b) - (3 b a) + (1 b a))
** ((2 b) - (2 b a))
ENDE NR
** ((1 a) * ((2 b) - (2 b a)))
** (((2 a b) - (2 a b a)))
** ((2 a b) - (2 a b a))
((2 a b) - (2 a b a))
```

3.6.6. Eingabe und Ausgabe

Wir definieren eine Prozedur **start**(X), die beim Aufruf
"start." das Promtzeichen ">" ausgibt, welches zum Einlesen
eines Termes in der üblichen Notation auffordert. Der mit Hilfe
von **lies-liste**(Y) eingelesene Ausdruck ist eine

Liste X, die mit Hilfe einer Prozedur **kodiere**(Y Z) in die
interne Termdarstellung übersetzt wird. Nach der Umformung des
Termes Z in einen Zielterm x mit Hilfe der Prozedur
vereinfache, wird dieser durch **dr-term** in einer Form
ausgedruckt, die der Eingabe entspricht.

```
start(X) if
     PP(> ) and
     lies-liste(Y) and
     P(Y) and
     kodiere(Y Z) and
     P(Z) and / and
     vereinfache (Z x) and
     P(x) and
     dr-term(x)
     start.
```

Die eingefügten Druckanweisungen machen den aus Eingabe,
Kodierung, Umformung und Ausdruck bestehenden "Zirkel" an dem
Beispielaufruf deutlich:
```
& start.
> 3ab - (5ab - 6bb) + (12bb - 4ab),
(3 ab - (5 ab - 6 bb) + (12 bb - 4 ab))
((3 a b) - ((5 a b) - (6 b b)) + ((12 b b) - (4 a b)))
((-6 a b) + (18 b b))
-6ab + 18bb
```

Die Einleseprozedur **lies-liste** übernehmen wir aus 3.5.1.
Wegen vieler Fallunterscheidung ist die Definition von
kodiere etwas aufwendig. Jedem der folgenden Fälle
entspricht eine Klause:

```
1. (-23)             ---> ((-23))
2. (aab)             ---> ((1 a a b))
3. (5 ca)            ---> ((5 c a))
4. (12 - ...)        ---> ((12) - ...)
5. (ab + ...)        ---> ((1 a b) ...)
6. (7 abb + ...)     ---> ((7 a b b) + ...))
7. ((-5 cd) ...)     ---> ((-5 c d) ...)
8. ((12) ...)        ---> ((12) ...)
9. ((-5 ab + 3 cd))  ---> (((-5 a b) + (3 c d)))
10 ((3a - 4b) * ...) ---> (((3 a) - (4 b)) * ...)
```

```
kodiere((X) (Y))) if
     NUM(X)

kodiere((X) (1¦Y)) if
     CON(X)

kodiere((X Y) ((X¦Z))) if
     NUM(X) and
     CON(Y) and
     STRINGOF(Z Y)

kodiere((X Y¦Z) ((X) Y¦x) if
     NUM(X) and
     Y ON (+ - *) and
     kodiere(Z x)

kodiere((X Y¦Z) ((1\x) Y¦y)) if
     CON(X) and
     Y ON (+ - *) and
     STRINGOF(x X) and
     kodiere(Z y)

kodiere((X Y Z¦x) ((X¦y) Z¦z)) if
     NUM(X) and
     CON(Y) and
     Z ON (+ - *) and
     STRINGOF(y Y) and
     kodiere(x z)

kodiere(((X Y)¦Z) x) if
     NUM(X) and
     CON(Y) and
     kodiere((X Y¦Z) x) and /

kodiere(((X)¦Y) Z) if
     NUM(X) and
     kodiere((X¦Y) Z) and /

kodiere((X) (Y)) if
     LST(X) and
     kodiere(X Y)

kodiere((X Y¦Z) (x Y¦y)) if
     LST(X) and
     ON(Y (+ - *)) and
     kodiere(X x) and
     kodiere(Z y)
```

Da wir mit Hilfe von **dr-term** auch Zwischenergebnisse
ausdrucken wollen, muß diese Prozedur in der Lage sein, jeden
Term in der gewünschten Weise auszudrucken. Sie benutzt die
Prozedur **dr-wterm**, welche Wortterme ausgibt. Hier unterscheiden
wir sechs Fälle, denen wiederum jeweils eine Klause entspricht:

1   (0 a b c)   ---> 0
2. (35)   ---> 35
3. (-7)   ---> (-7)
4. (1 a b c)   ---> abc
5. (15 a b b) ---> 15abb
6. (-7 a b d) ---> (-7abd)

```
dr-wterm((0¦X)) if
      P(0)

dr-wterm((X)) if
      LESS(0 X) and
      P(X)

dr-wterm((X)) if
      LESS(X 0) and
      P((X))

dr-wterm((1¦X)) if
      STRINGOF(X Y) and
      P(Y)

dr-wterm((X¦Y)) if
      LESS(0 X) and
      STRINGOF(Y Z) and
      P(X) and
      P(Z)

dr-wterm((X¦Y)) if
      LESS(X 0) and
      STRINGOF(Y Z) and
      P(( ) and
      P(X) and
      P(Z) and
      P( ) )
```

```
dr-term(())

dr-term((X¦Y)) if
     wortterm(X) and
     dr-wterm(X) and
     dr-term(Y)

dr-term((X¦Y)) and
     X ON (+ - *) and
     P(X ) and
     dr-term(Y)

dr-term((X¦Y)) if
     listen-term(X) and
     P(() and
     dr-term(X) and
     P() ) and
     dr-term(Y)


  &start.
  > a * (2b - b * (3a - a)) - (4b * (5a + 2c * (a - b))),
  a * (2b - b * (3a - a ) ) - (4b * (5a + 2c * (a - b ) ) )
  ** NR :
  2b - b * (3a - a )
  = 2b - (3ba - ba )
  = 2b - 3ba + ba
  = 2b - 2ba
  ** ENDE NR
  = a * (2b - 2ba ) - (4b * (5a + 2c * (a - b ) ) )
  = (2ab - 2aba ) - (4b * (5a + 2c * (a - b ) ) )
  = 2ab - 2aba - (4b * (5a + 2c * (a - b ) ) )
  ** NR :
  4b * (5a + 2c * (a - b ) )
  ** NR :
  5a + 2c * (a - b )
  = 5a + (2ca - 2cb )
  = 5a + 2ca - 2cb
  ** ENDE NR
  = 4b * (5a + 2ca - 2cb )
  = (20ba + 8bca - 8bcb )
  = 20ba + 8bca - 8bcb
  ** ENDE NR
  = 2ab - 2aba - (20ba + 8bca - 8bcb )
  = 2ab - 2aba - 20ba - 8bca + 8bcb
  = (-18ab) - 2aba - 8bca + 8bcb
```

4. Problemlösen in der Zustands-Raum Darstellung

4.1. Wege in einem Graphen

In Abb.1a ist ein Ausschnitt des Straßennetzes einer Ortschaft
dargestellt. Die Pfeile geben jeweils an, ob die Straße nur in
einer oder in beiden Richtungen durchfahren werden kann. Welche
Möglichkeiten ergeben sich für einen Fußgänger und für einen
Autofahrer, um von A nach H zu gelangen?
Zur Lösung der Aufgabe stellen wir das Straßennetz für den
Fußgänger als einen **ungerichteten Graphen** (Abb.1b), für den
Autofahrer als einen **gerichteten Graphen** (Abb.1c) dar.

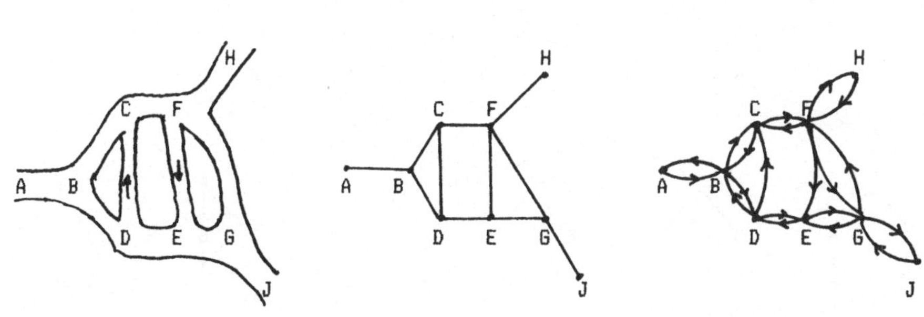

a)   b)   c)

Abb.1

Beide Graphen können wir als Veranschaulichung einer binären
Relation **vor**(X Y) auffassen, die für zwei **Knoten** X und Y
genau dann zutrifft, wenn man von X nach Y gelangen kann. In
Abb.1c bdeutet ein **Pfeil** zwischen zwei Knoten X und Y, daß
die Relation **vor** für das Paar (X,Y) zutrifft. In Abb.1b
bedeutet ein **Bogen** zwischen zwei Knoten X und Y, daß die
Relation **vor** sowohl für das Paar (X,Y) als auch für das Paar
(Y,X) zutrifft, d.h. "vor" ist in diesem Falle eine symmetrische
Relation. Es versteht sich von selbst, daß wir einen Graphen in
einem PROLOG Programms als Fakten des Prädikates **vor** definieren
werden. Zur Repräsentation des ungerichteten Graphen der Abb.1b
benötigen wir die folgenden 22 Klausen:

vor(A B)	vor(C F)	vor(E G)	vor(G F)
vor(B A)	vor(D B)	vor(F C)	vor(G J)
vor(B C)	vor(D C)	vor(F E)	vor(H F)
vor(B D)	vor(D E)	vor(F G)	vor(J G)
vor(C B)	vor(E D)	vor(F H)	
vor(C D)	vor(E F)	vor(G E)	

Zur Veranschaulichung der Wege, die (in dem gerichteten Graphen) von A nach H führen, zeichnen wir einen **Problembaum**, dessen **Wurzel** der Start-Knoten A ist (Abb.2).

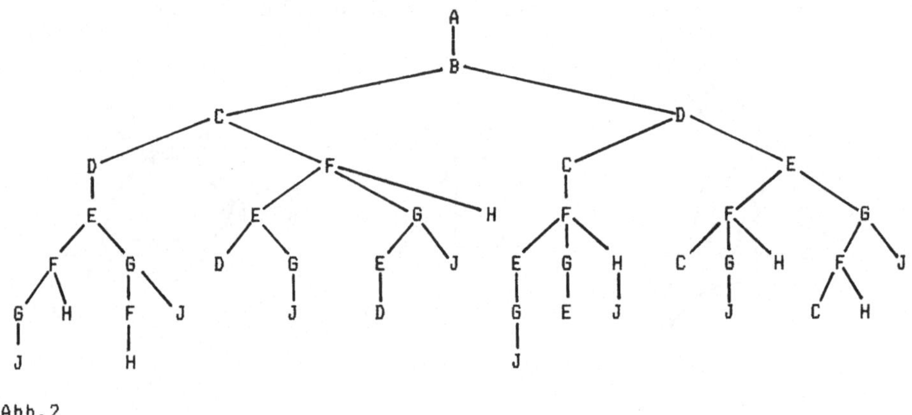

Abb.2

Man denke sich die Zweige des Baumes von der Wurzel A aus zu den **Blättern** (Endknoten) hin durchlaufen. Jeder Knoten veranschaulicht einen Orts-Zustand, der von der Wurzel A aus erreichbar ist. Man beachte, daß verschiedene Knoten des Problembaumes denselben Knoten des Graphen darstellen können. (Der Problembaum ist deshalb kein "Baum" im Sinne der Graphentheorie.) Ferner sind in dem Problembaum die durch Zyklenbildung entstehenden unendlichen Wege fortgelassen, z.B. der Weg A-B-A-B-usw. Generell gilt: Keiner der von der Wurzel A ausgehenden Wege des Problembaums erhält denselben Zustand mehr als einmal. Auf diese Weise wird der Problembaum **endlich**. Jeder Weg endet entweder in dem **Zielzustand** H oder in einer **Sackgasse**. Man entnimmt dem Problembaum, daß es sechs Wege von A nach H gibt.

Aufgabe:

Ein beliebiger Graph sei durch ein PROLOG-Prädikat **vor**(X Y)
definiert. Gesucht ist ein Prädikat **wegsuche**(start ziel weg),
welches zu einem Startknoten **start** und einem Zielknoten
ziel die von start nach ziel führenden Wege als Werte der
Variablen **weg** ausgibt.

Lösung:

Es ist naheliegend, die Lösungswege als Listen zu
repräsentieren, z.B. den Weg A-B-D-C-F als Liste (A B D C F).
Ein erster Lösungsversuch führt zu der folgenden rekursiven
Lösungsidee:

(1) Von ziel nach ziel führt der Weg (ziel),

(2) (X¦Y) ist ein von X nach ziel führender Weg, falls Z
ein Nachfolgerknoten von X ist und Y ein von Z nach ziel
führender Weg.

Als PROLOG-Definition eines Prädikates **wegsuche-rek**:

```
wegsuche-rek(ziel ziel (ziel)) if
     (ziel)vars

wegsuche-rek(X ziel (X¦Y)) if
     vor(X Z) and
     wegsuche-rek(Z ziel Y) and
     (ziel)vars
```

Angewendet auf unser Beispiel führt diese Definition jedoch zu
unzulässigen Schleifenbildungen. So wird beim Aufruf
"one(x: wegsuche-rek(A H x))" der nicht abbrechende Weg
"A-B-A-B-A..." verfolgt und infolgedessen keine Lösung gefunden.
Um die Beschränkung auf den endlichen Lösungsbaum der Abb.2 zu
erzwingen, versuchen wir wegsuche als eine **iterative**
Prozedur zu definieren. Dazu benötigen wir eine Hilfsprozedur
weg-iter(teilweg ziel rev-weg), welche die Iteration
besorgt, und deren Definition sich an dem Ausfüllen der
folgenden Tabelle orientiert (vgl. Kap 1.9):

```
weg                                ziel    rev-weg
------------------------------------------------------

(A)                                 H        -

(B A)                               H        -

(C B A)                             H        -

(D C B A)                           H        -

(E D C B A)                         H        -

(F E D C B A)                       H        -

(G F E D C B A)                     H        -

(J G F E D C B A)                   H        -

Rücksprung zum Knoten F

(H F E D C B A)                     H      (H F E D C B A)
```

Die dritte Spalte der Tabelle haben wir rev-weg genannt, da sie
den Lösungsweg als revertierte Liste ausgibt.

```
weg-iter((ziel¦X) ziel (ziel¦X)) if
    (ziel)vars

weg-iter((X¦Y) ziel rev-weg) if
     not EQ(X ziel) and
     vor(X Z) and
     not ON(Z (X¦Y)) and
     weg-iter((Z X¦Y) ziel rev-weg) and
     (ziel rev-weg)vars
```

Die aufrufende Prozedur **wegsuche** sorgt dafür, daß der
Lösungsweg in der gewünschten Anordnung der Knoten ausgegeben
wird:

```
wegsuche(start ziel weg) if
     weg-iter((start) ziel rev-weg) and
     REVERSE(rev-weg weg) and
     (start ziel weg rev-weg)vars
```

Der Problembaum wird in einem **Tiefensuchverfahren** von links
nach rechts durchsucht und liefert alle Lösungen:

```
all(x: wegsuche(A H x))
(A B C D E F H)
(A B C D E G F H)
(A B C F H)
(A B D C F H)
(A B D E F H)
(A B D E G F H)
```

4.2. Zustandsraum-Darstellung eines Problems

4.2.1. Ein Streichholzproblem

Zu Beginn liegen acht Streichhölzer parallel zu einander, so wie
es der **Startzustand** in Abb.3 zeigt. Dieser Startzustand
soll in einen **Zielzustand** überführt werden, bei dem die
Streichhölzer in Paaren zusammengefaßt liegen.

```
  *    *    *    *    *    *    *    *            **   **   **   **
  !    !    !    !    !    !    !    !   ---->     !!   !!   !!   !!
  !    !    !    !    !    !    !    !             !!   !!   !!   !!
            Startzustand                         Zielzustand
```

Abb.3

Um das Gewünschte zu erreichen, darf folgende **Regel**
wiederholt angewendet werden: Man nehme ein einzeln liegendes
Streichholz, führe es (von links nach rechts oder umgekehrt)
über genau zwei Streichhölzer hinweg und vereinige es mit dem
nächsten Streichholz, sofern es ein solches gibt und dieses noch
einzeln liegt. Die Präzisierung dieser Transformationsregel
führt zur Unterscheidung von drei Regeln R1, R2 und R3, die
jeweils auf eine Teilkonfiguration des gegenwärtigen Zustandes
angewendet werden:

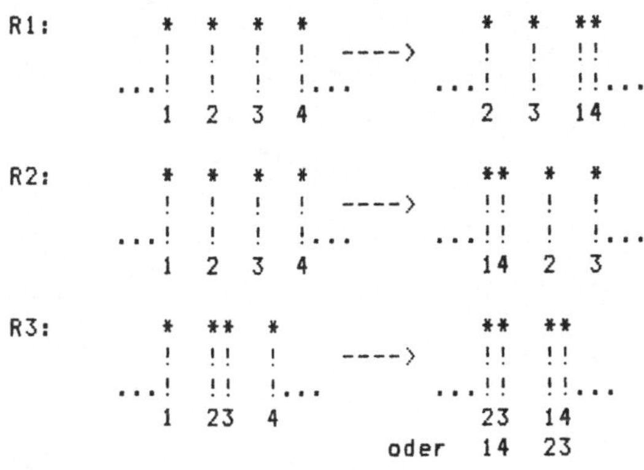

```
R1:        *  *  *  *            *  *  **
           !  !  !  !  ---->     !  !  !!
        ...!  !  !  !...      ...!  !  !!...
           1  2  3  4            2  3  14


R2:        *  *  *  *            ** *  *
           !  !  !  !  ---->     !! !  !
        ...!  !  !  !...      ...!! !  !...
           1  2  3  4            14 2  3


R3:        *  ** *               ** **
           !  !! !  ---->        !! !!
        ...!  !! !...         ...!! !!...
           1  23 4               23 14
                           oder  14 23
```

Abb.4

Die Menge aller Zustände, die durch Anwenden der drei Regeln vom
Startzustand aus erreicht werden können, heißt **Problemraum**
des Problems. Zusammen mit den Zugmöglichkeiten wird der
Problemraum durch den (unvollständig gezeichneten) gerichteten
Graphen in Abb.5 veranschaulicht. Hier haben wir die Zustände in
unmittelbar einsichtiger Weise als Wörter mit den Ziffern 1 und
2 kodiert. Wie aus dem Graphen ersichtlich ist, kann dieselbe
Regel gegebenenfalls mehrfach auf denselben Problemzustand
angewendet werden. Jeder Weg in dem Graphen, der vom
Startzustand zum Zielzustand führt, heißt eine **Lösung** des
Problems. Wie man dem Graphen entnimmt, hat das Problem vier
Lösungen. Anstelle des Graphen kann man auch einen
Problembaum zeichnen, der den Startzustand als Wurzel hat
(vgl.Abb.2 in 4.1).

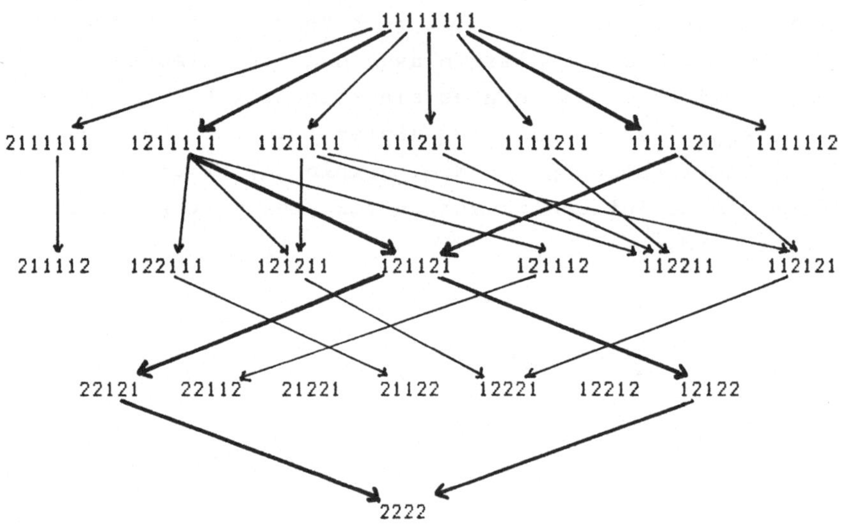

Abb.5

Aufgabe:

a) Repräsentieren Sie jeden Zustand der Streichholzaufgabe als
Liste mit den Zahlen 1 und 2. Definieren Sie ein Prädikat
vor(X Y), welches zu einem Zustand X alle Nachfolgerzustände
Y liefert und auf diese Weise den Problembaum des Problems
generiert.

b) Geben Sie ein Graphsuchverfahren an, mit dem man alle
Lösungen des Problems ermitteln kann.

Lösung a):

Bei der gewählten Repräsentation der Zustände als Listen lassen
sich die drei oben angegebenen Transformationsregeln R1, R2 und
R3 wie folgt neu formulieren:

(R1) Wenn ein Zustand das Muster "1 1 1 1" enthält, so kann
dieses durch das Muster "1 1 2" ersetzt werden.

(R2) Wenn ein Zustand das Muster "1 1 1 1" enthält, so kann
dieses durch das Muster "2 1 1" ersetzt werden.

(R3) Wenn ein Zustand das Muster "1 2 1" enthält, so kann dieses
durch das Muster "2 2" ersetzt werden.

Den drei Regeln entsprechen die folgenden drei Klausen der
Relation **vor**.

```
vor(X Y) if
    APPEND(Z (1 1 1 1|x) X) and
    APPEND(Z (1 1 2|x) Y)

vor(X Y) if
    APPEND(Z (1 1 1 1|x) X) and
    APPEND(Z (2 1 1|x) Y)

vor(X Y) if
    APPEND(Z (1 2 1|x) X) and
    APPEND(Z (2 2|x) Y)
```

Lösung b):

Zur Findung der Lösungswege können wir die in 4.1 definierte
iterative Prozedur **wegsuche** benutzen. Wir können in diesem
Fall aber auch die rekursive Prozedur **wegsuche-rek**
verwenden, da der Graph keine Rundwege enthält und somit keine
Schleifen auftreten können.

```
all(x: wegsuche((1 1 1 1 1 1 1 1) (2 2 2 2) x))
((1 1 1 1 1 1 1 1)(1 1 1 1 1 2 1)(1 2 1 1 2 1)(2 2 1 2 1)(2 2 2 2))
((1 1 1 1 1 1 1 1)(1 1 1 1 1 2 1)(1 2 1 1 2 1)(1 2 1 2 2)(2 2 2 2))
((1 1 1 1 1 1 1 1)(1 2 1 1 1 1 1)(1 2 1 1 2 1)(2 2 1 2 1)(2 2 2 2))
((1 1 1 1 1 1 1 1)(1 2 1 1 1 1 1)(1 2 1 1 2 1)(1 2 1 2 2)(2 2 2 2))
```

4.2.2. Vertauschung von Start- und Zielzustand.

Wie man selber leicht feststellen kann, läßt sich die
Streichholzaufgabe wesentlich einfacher lösen, wenn man die
Rolle von Startzustand und Zielzustand vertauscht und die
Relation "vor" als **inverse** Relation der bisherigen Relation
"vor" neu definiert (alle Pfeile im Graphen ändern ihre
Richtung).

Aufgabe 2:

Definieren Sie die Relation **vor**(X Y) als inverse Relation
der ursprünglichen Relation vor und bestimmen Sie einen Weg,
der vom (ursprünglichen) Zielzustand zum Startzustand führt.

Lösung:

```
vor(X Y) if
    APPEND(Z (1 1 2|x) X) and
    APPEND(Z (1 1 1 1|x) Y)

vor(X Y) if
    APPEND(Z (2 1 1|x) X) and
    APPEND(Z (1 1 1 1|x) Y)

vor(X Y) if
    APPEND(Z (2 2|x) X) and
    APPEND(Z (1 2 1|x) Y)
```

Der Aufruf "one(x: vor((2 2 2 2)(1 1 1 1 1 1 1 1) x)" liefert nun viel schneller den Weg ((2 2 2 2)(2 2 1 2 1)(1 2 1 1 2 1) (1 1 1 1 1 2 1)(1 1 1 1 1 1 1 1)), der durch Revertierung in einen Weg von (1 1 1 1 1 1 1 1) nach (2 2 2 2) übergeht.

4.2.3. Verallgemeinerung

Viele Probleme lassen sich in formal gleicher Weise repräsentieren und lösen wie unsere Beispielaufgabe. Gegeben sind ein **Startzustand** ein **Zielzustand** und eine Menge von **Regeln** (auch Operatoren genannt), deren Anwendung auf den Startzustand und die Folgezustände den **Problembaum** mit dem Startzustand als **Wurzel** erzeugt. Die Menge aller durch Knoten des Problembaumes repräsentierten Zustände heißt **Problemraum** des Problems. Ist der Zielzustand ein Elmement des Problemraumes, so ist das Problem lösbar. Jeder Weg vom Startzustand zum Zielzustand ist dann eine **Lösung** der Aufgabe. Die Lösungen des Problems lassen sich mit dem in 4.1 definierten iterativen Verfahren **wegsuche** bestimmen. Dieses ist ein **Tiefensuchverfahren**, bei dem jeder Zweig des Baumes soweit wie möglich verfolgt wird, ehe ein Rücksprung stattfindet. Ist der Baum jedoch sehr tief, so kann es aus praktischen Gründen notwendig werden, die Suchtiefe zu begrenzen (vgl.4.3.4).

Anmerkung: Man kann die Klausen des Prädikates **vor(X Y)** auch als Produktionen eines Produktionssystems mit **wegsuche** als Kontrollstruktur auffassen. Im Vergleich zu den Produktionssystemen in Kap.3 sind die letzteren jedoch in dreifacher Hinsicht einfacher:
1. Zum Finden der (ersten) Lösung ist kein Backtracking erforderlich, d.h. jede Anwendung einer Produktion ist endgültig.
2. Gefragt ist nicht der **Lösungsweg**, sondern der (durch Eigenschaften beschriebene) **Endzustand**.
3. Schleifenbildung kommt nicht vor.

4.3. Wahl einer geeigneten Problem-Repräsentation

4.3.1.Repräsentation der Zustände

Ein beliebtes Geduldspiel besteht aus einem quadratischen
Rahmen, in dem acht quadratische Plättchen mit den Ziffern 1 bis
8 wegen einer vorhandenen Lücke verschiebbar sind. Die Aufgabe
besteht darin, einen vorgegebenen Startzustand in einen
vorgegebenen Zielzustand durch Verschieben der Plättchen zu
überführen, z.B.:

```
 -------------                -------------
 ! 2 ! 8 ! 3 !                ! 1 ! 2 ! 3 !
 -------------                -------------
 ! 1 ! 6 ! 4 !   ----->       ! 8 !   ! 4 !
 -------------                -------------
 ! 7 !   ! 5 !                ! 7 ! 6 ! 5 !
 -------------                -------------
 Startzustand                 Zielzustand
```

Da jeder der insgesamt 9! Zustände als Startzustand und als
Zielzustand gewählt werden kann, haben wir es hier nicht mit
einem einzelnen Problem zu tun, sondern mit einer sehr
umfangreichen **Problemklasse**. Abb.6 zeigt den Anfang des
Problembaums für die obige Aufgabe. (Die "Lücke" haben wir durch
"0" markiert.)

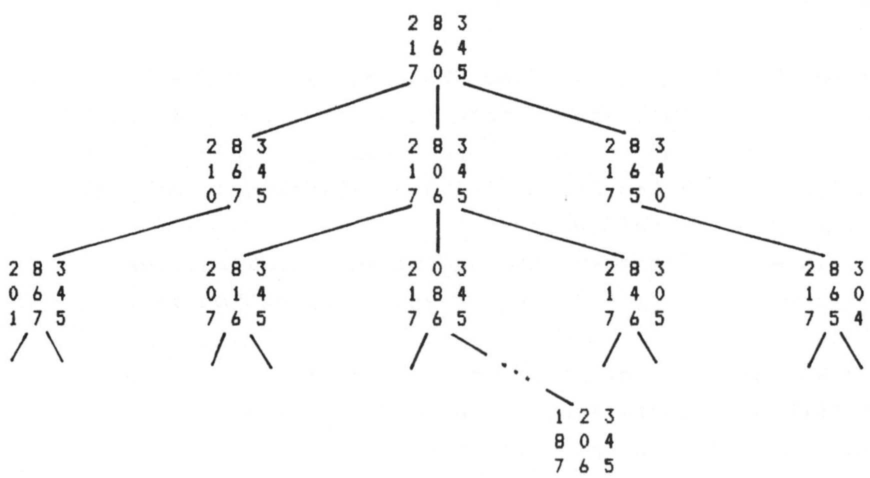

Abb.6

Für die Computer-Simulation eines Problems oder einer ganzen
Problemklasse müssen die Zustände und die Regeln des Problems in
geeigneter Weise **repräsentiert** werden. Die Wahl der
Repräsentation hängt dabei in entscheidender Weise von den
Datentypen ab, welche die verwendete Computer-Sprache zur
Verfügung stellt.

In einer Sprache, die über den Datentyp des mehrdimensionalen
Feldes verfügt, ist es naheliegend, jeden Zuständ als 3x3-Feld
zu repräsentieren. Zur Beschreibung der Zustandsänderungen kann
man dann auf jede Komponente des quadratischen Feldes direkt
zugreifen. Da PROLOG diese Möglichkeit nicht bietet, ist es
naheliegend, jeden Zustand
- entweder als Liste von drei Unterlisten zu repräsentieren,
wobei jede Unterliste eine Zeile von drei Positionen
repräsentiert,
- oder als Liste der neun Positionen.
Wir wählen den letzteren Weg und kennzeichnen die Lücke durch "0".

```
a11 a12 a13
a21 a22 a23 ---> (a11 a12 a13 a21 a22 a23 a31 a32 a33)
a31 a32 a33
```

```
Startzustand: (2 8 3 1 6 4 7 0 5)
Zielzustand:  (1 2 3 8 0 4 7 6 5)
```

4.3.2. Definition von "vor" durch Musterpassung
Zur Definition der den Problembaum definierenden Relation
vor(X Y) ist es zweckmäßig, nicht die Positionsänderungen
der Plättchen, sondern die der Lücke zu beschreiben. Das kann
jedoch auf zwei völlig verschiedene Weisen geschehen. Der
Mustererkenner von PROLOG erlaubt es, die Relation **vor** als
ein Programm von "rumpflosen" Regeln der Gestalt
vor(listenmuster1 listenmuster2)

zu definieren. Für jede der neun Positionen, welche die "0"
einnehmen kann, ergeben sich entweder vier, drei oder zwei
Nachfolgerzustände. Wir erhalten auf diese Weise eine
Definition, die aus 24 Klausen besteht. Wir notieren nur die
ersten fünf und überlassen die Vervollständigung dem Leser:

```
vor((0 X Y Z x y z X1 Y1) (X 0 Y Z x y z X1 Y1))
vor((0 X Y Z x y z X1 Y1) (Z X Y 0 x y z X1 Y1))
vor((X 0 Y Z x y z X1 Y1) (0 X Y Z x y z X1 Y1))
vor((X 0 Y Z x y z X1 Y1) (X Y 0 Z x y z X1 Y1))
vor((X 0 Y Z x y z X1 Y1) (X x Y Z 0 Y Z X1 Y1)) usw.
```

4.3.3. Definition von "vor" durch Vertauschen von Positionen

Die obige Definition von **vor** ist zwar einfach und effektiv,
hat aber den Nachteil, daß sie an den speziellen Fall des
3x3-Feldes gebunden ist. Die folgende Lösung ist aufwendiger und
weniger effektiv, läßt sich dafür aber leicht auf Spiele mit
N x N Feldern verallgemeinern.

Da die Lücke nach links, nach oben, nach rechts und nach unten
verschoben werden kann, lassen sich die Zustandsänderungen durch
vier Regeln beschreiben. Dabei ist jedoch nicht jede Regel auf
jeden Zustand anwendbar. Den vier Zugmöglichkeiten entsprechend,
definieren wir die Relation **vor** durch vier PROLOG-Regeln,
die wir zunächst umgangssprachlich formulieren:
(1) Wenn die Position der 0 eine der Zahlen 2,3,5,6,8,9 ist,
     dann vertausche die 0 mit dem **linken** Nachbarn.
(2) Wenn die Position der 0 eine der Zahlen 4,5,6,7,8,9 ist,
     dann vertausche die 0 mit dem **oberen** Nachbarn.
(3) Wenn die Position der 0 eine der Zahlen 1,2,4,5,7,8 ist,
     dann vertausche die 0 mit dem **rechten** Nachbarn.
(4) Wenn die Position der 0 eine der Zahlen 1,2,3,4,5,6 ist,
     dann vertausche die 0 mit dem **unteren** Nachbarn.

Aufgabe 1:

Definieren Sie das Prädikat **vor**(X Y) in der angegebenen
Weise durch Vertauschen von Positionen.

Lösung:

```
vor(X Y) if
     nullpos(X Z) and
     Z ON (2 3 5 6 8 9) and
     links(X Z Y)

vor(X Y) if
     nullpos(X Z) and
     Z ON (4 5 6 7 8 9) and
     oben(X Z Y)

vor(X Y) if
     nullpos(X Z) and
     Z ON (1 2 4 5 7 8) and
     rechts(X Z Y)

vor(X Y) if
     nullpos(X Z) and
     Z ON (1 2 3 4 5 6) and
     unten(X Z Y)
```

Die Prozedur **nullpos**(X Y) bestimmt für den Zustand X die
Position der 0, z.B.:
which(x: nullpos((2 8 3 1 6 4 7 0 5) x) ---> 8.

```
nullpos((0¦X) 1)

nullpos((X¦Y) Z) if
     not EQ(X 0) and
     nullpos(Y x) and
     SUM(x 1 Z)
```

Die Prozeduren **links**(X Y Z), **oben**(X Y Z), **rechts**(X Y Z)
und **unten**(X Y Z) vertauschen in dem Zustand X den Inhalt der
Position Y mit dem Inhalt der Position Y-1, bzw. Y-3, bzw. Y+1,
bzw. Y+3 und geben als Ergebnis den Zustand Z aus, z.B.:
which(x: oben((2 8 3 1 0 4 7 6 5) 5 x))
(2 0 3 1 8 4 7 6 5)

Wir notieren die PROLOG-Definition für **links**, die anderen
drei Definitionen sind entsprechend und seien dem Leser
überlassen.

```
links(X Y Z) if
      DIF(Y 1 x) and
      ITEM(x X y) and
      vert(0 y X Z)
```

Die Prozedur **ITEM(X Y Z)** bestimmt zu einer natürlichen Zahl
X und einer Liste Y das Element Z an der Stelle X, z.B.:
which(x: ITEM(5 (2 8 3 1 6 4 7 0 5) x) ---> 6

```
ITEM(1 (X¦Y) X)

ITEM(X (Y¦Z) x) if
      not EQ(X 1) and
      DIF(X 1 Y) and
      ITEM(y Z x)
```

Die Prozedur **vert**(X Y x y) vertauscht in der Liste x die
Elemente X und Y und gibt die Liste y aus. Dabei wird
vorausgesetzt, daß X und Y verschieden sind und genau einmal in
X vorkommen, z.B.:
all(y: vert(3 7 (2 8 3 1 6 4 7 0 5) y)) ---> (2 8 7 1 6 4 3 0 5)

```
vert(X Y (X¦Z) (Y¦x) if
      SUBST(X Y Z x)

vert(X Y (Y¦Z) (X¦x) if
      SUBST(Y X Z x)

vert(X Y (Z¦x) (Z¦y) if
      not EQ(X Z) and
      not EQ(Y Z) and
      vert(X Y x y)
```

Die uns aus 1.8. bekannte Hilfsprozedur SUBST(X Y Z x)
substituiert in der Liste Z das Element X für das Element Y und
gibt als Ergebnis die Liste x aus.

4.3.4.Lösungsfindung bei Begrenzung der Suchtiefe
Wegen Schleifenbildung kommt die rekursive Definition
wegsuche-rek aus 4.1. nicht in Frage. Aber auch die dort
angegebene iterative Prozedur **wegsuche** ist wegen der

erheblichen Tiefe des Problembaums nur **geeignet**, wenn man sie so
abändert, daß sie eine Vorgabe der **Suchtiefe** zuläßt und den
Baum nur bis zu dieser Suchtiefe absucht.

Aufgabe 2:
Ändern Sie die Definition von wegsuche(start ziel weg) aus 4.1
zu einem vierstelligen Prädikat **wegsuche**(start ziel tiefe weg)
ab, welches den Problembaum bis zur Tiefe **tiefe** absucht.
(Der Wurzel des Problembaums ist die Tiefe 0 zugeordnet.)

Lösung:

```
wegsuche(start ziel tiefe weg) if
     weg-iter((start) ziel tiefe r-weg) and
     REVERSE(r-weg weg) and
     (start ziel tiefe weg r-weg) vars

weg-iter((X¦Y) X Z (X¦Y))

weg-iter((X¦Y) ziel tiefe r-weg) if
     LENGTH((X¦Y) Z) and
     LESS(Z tiefe) and
     vor(X x) and
     not ON(x (X¦Y)) and
     weg-iter((x X¦Y) ziel tiefe r-weg)
     (ziel tiefe r-weg)vars
```

Um zu einer gegebenen Aufgabe der Problemklasse eine Lösung zu
finden, beginne man mit einer geschätzten Suchtiefe, in der
Hoffnung, innerhalb dieser Tiefe eine Lösung zu finden. Ist das
nicht der Fall, so wähle man eine größere Suchtiefe. Da eine der
Lösungen unseres Beispielproblems die Länge 6 besitzt, findet
man diese mit der Suchtiefe 5:

```
one(x: wegsuche((2 8 3 1 6 4 7 0 5) (1 2 3 8 0 4 7 6 5) 5 x))
   ((2 8 3 1 6 4 7 0 5) (2 8 3 1 0 4 7 6 5) (2 0 3 1 8 4 7 6 5)
    (0 2 3 1 8 4 7 6 5) (1 2 3 0 8 4 7 6 5) (1 2 3 8 0 4 7 6 5))
```

4.4. Breitensuchverfahren

Für das Beispiel des Wegenetzes in 4.1. sei die Aufgabe
gestellt, von A nach H einen Weg minimaler Länge, d.h. mit
möglichst wenigen Knoten, zu finden. Zur Lösung der Aufgabe
könnte man die in 4.1. definierte Prozedur **wegsuche**
benutzen, mit Hilfe von **isall** alle sechs Lösungen in einer
Liste zusammenfassen und sodann mit Hilfe von LENGTH den
kürzesten Weg (A B C F H) heraussuchen. Angemessener ist jedoch
eine Prozedur **breitensuche**(start ziel loesung), welche zu
gegebenen Start- und Zielknoten den Problembaum der Abb.2 in
einem **Breitensuchverfahren** so absucht, daß der kürzeste
Lösungsweg als erster gefunden und ausgegeben wird.

Wir besprechen im folgenden zwei Verfahren der Breitensuche, die
auf derselben Lösungsidee beruhen: Beginnend mit der Wurzel des
Problembaumes entwickelt man sukzessive geeignete Knoten des
Baumes und erzeugt auf diese Weise einen Teilbaum, den man
solange anwachsen läßt, bis der Zielknoten in ihm enthalten ist.
Die einzelnen Schritte des Anwachsens beim Breitensuchverfahren
zeigt für unser Beispiel Abb.7.

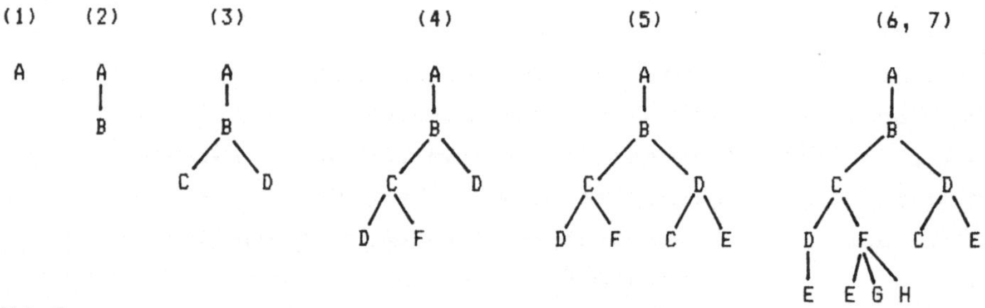

Abb.7

Man kann die Entwicklung des Baumes "sparsamer" gestalten, indem
man dafür sorgt, daß kein Knoten neu erzeugt wird, der bereits
an vorhergehender Stelle in dem Problembaum enthalten ist
(Abb.8). Dadurch wird jeder entwickelte Teilbaum zu einem "Baum"
im Sinne der Graphentheorie. Insbesondere hat jeder Knoten nun
genau einen Vorgängerknoten.

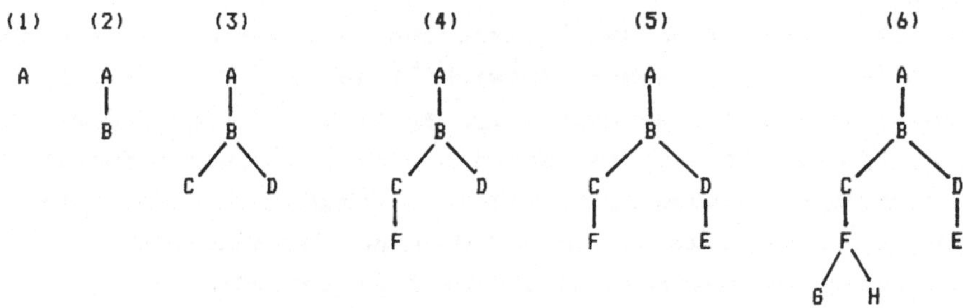

Abb.8

Die beiden Verfahren unterscheiden sich in der Weise, wie die
Teilbäume repräsentiert werden.

1.Verfahren:
Jeder Teilbaum wird als Liste aller Wege repräsentiert, die von
der Wurzel zu den Endknoten führen. Die Entwicklung des
Teilbaumes von (1) bis (6) spiegelt sich in der Entwicklung
dieser Liste, die wir **teilbaum** nennen wollen, wieder:

```
nr   teilbaum
-----------------------------------------
1.   ((A))
2.   ((B A))
3.   ((C B A)(D B A))
4.   ((D B A)(F C B A))
5.   ((F C B A)(E D B A))
6.   ((E D B A)(G F C B A)(H F C B A))
```

Die Entwicklung von **teilbaum** läßt sich wie folgt beschreiben:
(1) Zu Beginn sei **teilbaum** die Liste ((start)).
(2) Man entferne aus **teilbaum** den ersten Weg und bestimme
    zu diesem alle Nachfolgerwege, deren Endknoten nicht
    schon in einem der Wege von **teilbaum** enhalten ist.
(3) Man füge die Nachfolgerwege von hinten der Liste
    teilbaum hinzu.
(4) Man wiederhole die Schritte (2) und (3) solange, bis
    ziel als erstes Element in einem der Wege von
    teilbaum vorkommt.

2.Verfahren:

Es handelt sich hier um das "klassische" Verfahren, bei dem zwei Listen **offen** und **geschlossen** entwickelt werden. Der jeweilige Teilbaum wird durch eine Liste repräsentiert, die zu jedem entwickelten Knoten das Paar enthält, welches aus dem Knoten und dem zugehörigen (eindeutig bestimmten) Vorgängerknoten besteht. Wir nennen diese Liste wiederum **teilbaum**. Die folgende Tabelle zeigt die Entwicklung der drei Listen **offen**, **geschlossen** und **teilbaum** bei dieser Repräsentation:

```
nr offen       geschlossen  teilbaum
-------------------------------------------------------------
1. (A)         ()           ()
2. (B)         (A)          ((B A))
3. (C D)       (B A)        ((C B)(D B)(B A))
4. (D F)       (C B A)      ((F C)(C B)(D B)((B A))
5. (F E)       (D C B A)    ((E D)(F C)(C B)(D B)(B A))
6. (E G H)     (F D C B A)  ((G F)(H F)(E D)(F C)(C B)(D B)(B A))
```

Die Liste **offen** enthält jeweils alle Endknoten des Teilbaums. Diese Knoten können im Folgenden noch **expandiert** werden. Die Liste **geschlossen** enthält alle übrigen Knoten des Teilbaumes. Die Erzeugung der drei Listen geschieht gemäß der folgenden Vorschrift:

(1) Zu Beginn sei **offen** die Liste (start), die Listen **geschlossen** und **teilbaum** seien leer.

(2) Man entferne aus der Liste **offen** das erste Element X und füge es der Liste **geschlossen** als erstes Element hinzu.

(3) Man erzeuge zu X alle Nachfolgerknoten, die nicht bereits in **offen** oder **geschlossen** enthalten sind.

(4) Man füge alle Nachfolgerknoten von hinten der Liste **offen** hinzu.

(5) Zu jedem Nachfolgerknoten Y von X füge man das Paar (Y X) der Liste **teilbaum** hinzu.

(6) Man wiederhole die Schritte (2) bis (5) solange, bis **ziel** in der Liste **offen** enthalten ist.

Vergleich beider Verfahren: Das erste der beiden
Verfahren ist durchsichtiger und dem deklarativen Stil von
PROLOG angemessener als das zweite, hat aber einen größeren
Speicherbedarf. Das zweite Verfahren wird meist bei einer
Implementierung in LISP verwendet.

Aufgabe:
Definieren Sie eine Prozedur **breitensuche**(start ziel loesung),
welche die kürzeste Lösung einer Aufgabe findet
a) gemäß dem 1. Verfahren,
b) gemäß dem 2. Verfahren.

Lösung a):
Die Hauptarbeit wird von einer iterativen Prozedur
baum-iter(ziel teilbaum rev-loesung) geleistet, die von der
Hauptprozedur breitensuche aufgerufen wird. Nach Erfüllung der
Abbruchbedingung (1.Klause von baum-iter) übergibt die Variable
rev-loesung den gefundenen Lösungsweg an das Hauptprogramm,
das diese Liste revertiert und als Wert von **loesung** ausgibt.

```
breitensuche(start ziel loesung) if
     baum-iter(ziel ((start)) rev-loesung) and
     REVERSE(rev-loesung loesung) and
     (start ziel loesung rev-loesung)vars

baum-iter(ziel teilbaum (ziel¦X)) if
     ON((ziel¦X) teilbaum) and
     (teilbaum ziel)vars

baum-iter(ziel (weg¦X) rev-loesung) if
     expandiere((weg¦X) neuwege) and
     APPEND(X neuwege neuteilbaum) and
     baum-iter(ziel neuteilbaum rev-loesung) and
     (ziel weg rev-loesung weg neuwege neuteilbaum)vars

expandiere(((knoten¦X)¦Y) neuwege) if
     Z isall ((x knoten¦X): vor(knoten x) and
                          not on-teilbaum(x (X¦Y))) and
     REVERSE(Z neuwege) and
     (knoten neuwege)vars

on-teilbaum(X (Y¦Z)) if
     ON(X Y)

on-teilbaum(X (Y¦Z)) if
     on-teilbaum(X Z)
```

Nach Einfügen der Druckanweisung "PP(teilbaum)" in die 1.Klause
von **baum-iter** können wir das Anwachsen von **teilbaum**
verfolgen:
one(Loesung x: breitensuche(A H x))
((A))
((B A))
((C B A)(D B A))
((D B A)(F C B A))
((F C B A)(E D B A))
((E D B A)(G F C B A)(H F C B A))
Loesung (A B C F H)

Anmerkung: Da **isall** bekanntlich die Elemente in umgekehrter
Reihenfolge ihrer Erzeugung anordnet, ist in der Hilfsprozedur
expandiere "REVERSE(Z neumenge)" eingefügt. Wenn man darauf
verzichtet, wird der Problembaum von rechts nach links anstelle
von links nach rechts abgesucht.

Lösung b):
Hier ruft die Hauptprozedur **breitensuche** eine Hilfsprozedur
baum-iter(ziel offen geschlossen teilbaum baum) auf. Die
letztere übergibt nach Erfüllen der Abbruchbedingung den der
Variablen **baum** übergebenen Teilbaum an die Hauptprozedur
zurück. Mit Hilfe einer Prozedur **weg**(ziel baum loesung)
ermittelt diese anschließend den Lösungsweg vom Ziel- zum
Startknoten, der dann noch mit REVERSE revertiert wird.

```
    breitensuche(start ziel loesung) if
         baum-iter(ziel (start) () () baum) and
         weg(ziel baum rev-loesung) and
         REVERSE(rev-loesung loesung)
         (start ziel baum loesung rev-loesung)vars

    baum-iter(ziel offen geschlossen teilbaum teilbaum) if
         PP(teilbaum) and
         ON(ziel offen) and
         (ziel offen geschlossen teilbaum)vars
```

```
baum-iter(ziel (knoten¦X) geschlossen teilbaum baum) if
     expandiere(knoten (knoten¦X) geschlossen neuknoten) and
     APPEND(X neuknoten neuoffen) and
     neupaare(knoten neuknoten Y) and
     APPEND(Y teilbaum neuteilbaum) and
     baum-iter(ziel neuoffen (knoten¦geschlossen)
                                neuteilbaum baum) and
     (ziel knoten geschlossen teilbaum baum neuknoten
                                neuoffen neuteilbaum)vars

expandiere(knoten offen geschlossen neuknoten) if
     X isall(Y: vor(knoten Y) and not ON(Y offen) and
                                not ON(Y geschlossen)) and
     REVERSE(X neuknoten) and
     (knoten offen geschlossen neuknoten)vars

neupaare(X () ())

neupaare(X (Y¦Z) ((Y X¦x)) if
     neupaare(X Z x)

weg(X () (X))

weg(X ((X Y)¦Z) (X¦x)) if
     weg(Y Z x)

weg(X ((Y Z)¦x) y) if
     not EQ(X Y)
     weg(X x y))

which(x: expandiere(F (F E) (A B C) x)) ---> (G H)
which(x: neupaare(F (G H) x)) ---> ((G F)(H F))
which(x: weg(H ((G F)(H F)(E D)(F C)(C B)(D B)(B A)) x)) --->
(H F C B A)


one(Loesung x: breitensuche(A H x))
()
((B A))
((C B)(D B)(B A))
((F C)(C B)(D B)(B A))
((E D)(F C)(C B)(D B)(B A))
((G F)(H F)(E D)(F C)(C B)(D B)(B A))
Loesung (A B C F H)
```

4.5. Graphsuche mit Hilfe einer Bewertungsfunktion

Bei einem sich stark verzweigenden Problembaum ist die Breitensuche
kein geeignetes Verfahren zur Lösungsfindung. Gegebenenfalls kann
man dann ein **heuristisches** Suchverfahren anwenden, welches eine
Abstandsfunktion **dist(X,Y)** benutzt, die jedem Knotenpaar (X,Y)
des gegebenen Graphen eine nicht-negative reelle Zahl (meist eine
natürliche Zahl) als **Abstand** zuordnet. Bei jedem Schritt zur
Weiterentwicklung des Teilbaumes wählt man dann einen solchen Knoten
zum Expandieren aus, für den die Summe aus seiner Tiefe (im
Problembaum) und seinem Abstand zum Zielknoten minimal ist. Generell
bezeichnet man Verfahren, die geeignet sind, durch "Beschneiden" des
Problembaumes die Problemsuche einzuengen, als **heuristische
Verfahren**.

Wir erläutern das heuristische Suchverfahren am bewährten Beispiel
des Wegenetzes aus 4.1. Gesucht sei wiederum ein Weg von A nach H
mit möglichst wenigen Verzweigungspunkten. Zur Definition einer
geeigneten Abstandsfunktion unterlegen wir dem Straßennetz der
Abb.1a ein Gitternetz (Abb.9). Der Einfachheit halber nehmen wir an,
daß jeder Verzweigungspunkt des Straßennetzes mit einem Gitterpunkt
zusammenfällt. Als Abstand zweier Verzweigungspunkte definieren wir
(wiederum aus Gründen der Einfachheit) nicht den "normalen" Abstand
(gemessen in der Luftlinie), sondern die sogen. "Taxi-Entfernung".
Es ist die kleinste Entfernung zwischen zwei Gitterpunkten, die ein
Taxi zurücklegen müßte, wenn man sich die Gitterlinien als Straßen
denkt. In Abb.9 sind die Abstände aller Verzweigungspunkte vom
Zielpunkt H als Fakten eines Prädikates dist(X Y d) notiert.

dist(A H 6)   dist(F H 2)
dist(B H 5)   dist(G H 3)
dist(C H 3)   dist(H H 0)
dist(D H 5)   dist(J H 5)
dist(E H 4)

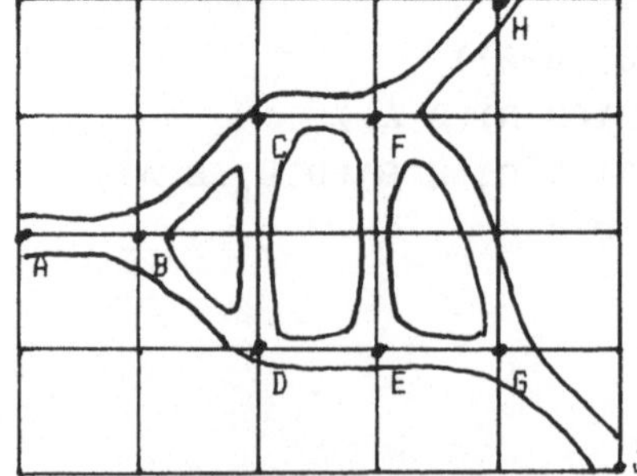

Abb.9

In Abb.10 haben wir zu dem Problem noch einmal den zugehörigen
Problembaum gezeichnet (vgl. Abb.2), allerdings nur bis zur
Tiefe 4. Jedem Knoten X des Problembaumes haben wir eine Zahl
BEW(X) als **Bewertung** zugeordnet. Sie ist die Summe aus der
Tiefe TI(X) und dem Abstand DIST(X,H) vom Zielknoten H, d.h.,
die Bewertungsfunktion BEW ist definiert durch:

BEW(X) = TI(X) + DIST(X,H)

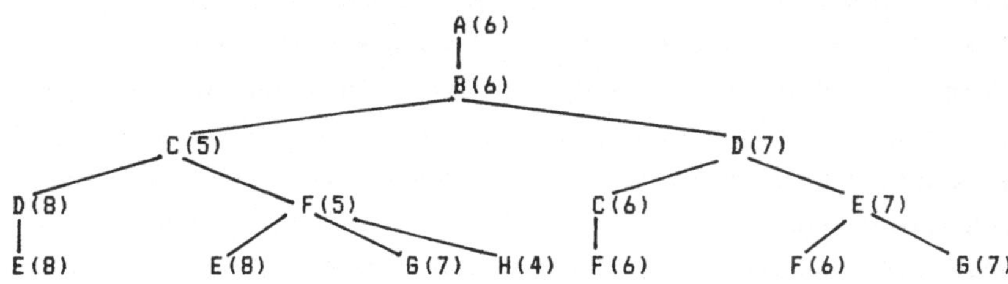

Abb.10

Die Einbeziehung der Tiefe eines Knotens ist sinnvoll, da
derselbe Zustand im Problembaum durch zwei Knoten in
verschiedener Tiefe repräsentiert sein kann. Zur
Weiterentwicklung wird man dann dem Knoten mit der geringeren
Tiefe den Vorzug geben. Die Generierung des Teilbaums gemäß dem
heuristischen Suchverfahren ist aus Abb.11 ersichtlich:

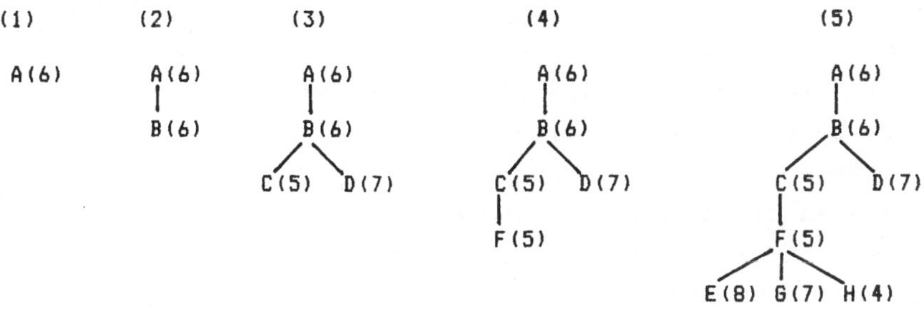

Abb.11

In jedem Schritt wird jeweils ein Knoten mit minimaler Bewertung
entwickelt. Wie schon beim Breitensuchverfahren, werden keine
Knoten erzeugt, die schon im Teilbaum vorkommen, so daß jeder
Teilbaum ein "echter" Baum ist. Ein Vergleich mit Abb.8 in 4.4
zeigt, daß das neue Verfahren lediglich einen Schritt weniger
benötigt als das Breitensuchverfahren. Die Anwendung auf das
Geduldspiel wird uns hingegen eine ganz erhebliche Ersparnis
liefern. Gemäß den in 4.4. unterschiedenen Repräsentationen für
den zu generierenden Teilbaum, können wir wiederum zwei
Verfahren unterscheiden. Wir beschränken uns hier auf das
erstere der Verfahren, bei dem jeder Teilbaum als Liste von
Wegen von der Wurzel zu den Endknoten dargestellt wird. Jedem
Weg ordnen wir als Bewertung den Wert des Endknotens zu und
fügen die Bewertung als erstes Element der den Weg
repräsentierenden Liste hinzu, z.B. (5 F C B A). Die Entwicklung
des Teilbaums entnimmt man der folgenden Tabelle:

```
nr   teilbaum
------------------------------------------------------------
1.   ((6 A))
2.   ((6 B A))
3.   ((5 C B A)(7 D B A))
4.   ((5 F C B A)(7 D B A))
5.   ((4 H F C B A)(7 D B A)(7 G F C B A)(8 E F C B A))
```

Allgemein läßt sich die Entwicklung des Teilbaums wie folgt
beschreiben:
(1) Zu Beginn sei **teilbaum** die Liste ((bew start)), wobei
    bew die Bewertung von **start** ist.
(2) Man entferne aus **teilbaum** den ersten Weg und
    bestimme zu diesem alle Nachfolgerwege, für die der
    Endknoten nicht schon in **teilbaum** enhalten ist.
(3) Man füge die Nachfolgerwege so in die Liste **teilbaum**
    ein, daß die Wege gemäß anwachsender Bewertung
    geordnet sind.
(4) Man wiederhole die Schritte (2) und (3) solange, bis **ziel**
    als erstes Element in einem der Wege von **teilbaum** vorkommt.

Aufgabe:

a) Definieren Sie eine Prozedur **heur-suche**(start ziel loesung),
die mit Hilfe einer (problemspezifischen) Abstandsfunktion
dist eine Lösung findet.

b) Wenden Sie die Prozedur auf das Geduldspiel an. Definieren
Sie für dieses **dist**(X Y) als Anzahl der unterschiedlichen
Positionen von X und Y. Zeichnen Sie den generierten Teilbaum
zum Anfangszustand (2 8 3 1 6 4 7 0 5) und zum Zielzustand
(1 2 3 8 0 5 7 6 5).

Lösung a)

Eine Orientierung an der Prozedur **breitensuche** liefert gemäß
dem oben beschriebenen Verfahren das folgende Programm:

```
heur-suche(start ziel loesung) if
     dist(ziel start wert) and
     baum-iter(ziel ((wert start)) rev-loesung) and
     REVERSE(rev-loesung loesung) and
     (start ziel loesung rev-loesung wert)vars

baum-iter(ziel teilbaum (ziel¦X)) if
     ON((wert ziel¦X) teilbaum) and / and
     (teilbaum ziel wert)vars

baum-iter(ziel (weg¦X) rev-loesung) if
     expandiere(ziel (weg¦X) neuwege) and
     einsortiere(neuwege X neuteilbaum) and
     baum-iter(ziel neuteilbaum rev-loesung) and
     (ziel weg rev-loesung weg neuwege neuteilbaum)vars

expandiere(ziel ((wert knoten¦X)¦Y) neuwege) if
     Z isall ((neuwert x knoten¦X): vor(knoten x) and
               not on-teilbaum(x (X¦Y)) and
               bewerte(ziel (x knoten¦X) neuwert)) and
     REVERSE(Z neuwege) and
     (ziel wert neuwert knoten neuwege)vars

bewerte(ziel (X¦Y) wert) if
     LENGTH(Y Z) and
     dist(X ziel x) and
     SUM(Z x wert) and
     (ziel wert)vars

on-teilbaum(X (Y¦Z)) if
     ON(X Y)

on-teilbaum(X (Y¦Z)) if
     on-teilbaum(X Z)
```

Bei der Definition von **bewertung** beachte man, daß die Tiefe
des Endknotens eines Weges gleich der Weglänge minus 1 ist. Die
Prozedur **einsortiere** ordnet die durch **expandiere** neu
entwickelten Wege in **teilbaum** ein, z.B
which(x: einsortiere(((8 E F C B A)(7 G F C B A)(4 H F C B A))
                     ((7 D B A)) x))
((4 H F C B A)(7 D B A)(7 G F C B A)(8 E F C B A))

Sie bedient sich der Hilfsprozedur **weg-einsort**(X Y Z), die
einen einzelnen Weg X in die Wegeliste Y einordnet und Z als
Ergebnis ausgibt.

```
einsortiere(() X X)

einsortiere((X¦Y) Z x) if
     weg-einsort(X Z y) and
     einsortiere(Y y x)

weg-einsort(X () (X))

weg-einsort(X (Y¦Z) (X Y¦Z)) if
     kuerzer(X Y)

weg-einsort(X (Y¦Z) (Y¦x)) if
     not kuerzer(X Y) and
     weg-einsort(X Z x)

kuerzer((X¦Y) (Z¦x)) if
     LESS(X Z)
```

Lösung b):
Die Abstandsfunktion **dist**(X Y) wird wiederum als
dreistelliges Prädikat definiert:

```
dist(() () 0)

dist((X¦Y) (X¦Z) x) if
     dist(Y Z y) and
     SUM(y 1 x)

dist((X¦Y)(Z¦x) y) if
     not EQ(X Z) and
     dist(Y x y)
```

Um die Generierung des Lösungsprozesses zu verfolgen, fügen wir
in die 1.Klause von baum-iter die Druckanweisung PP(teilbaum)
ein. Den generierten Baum zeigt Abb.12. Die geklammerten Zahlen
geben die Bewertung der Knoten an. Aus ihnen kann man die
Reihenfolge entnehmen, in welcher die Knoten expandiert wurden.

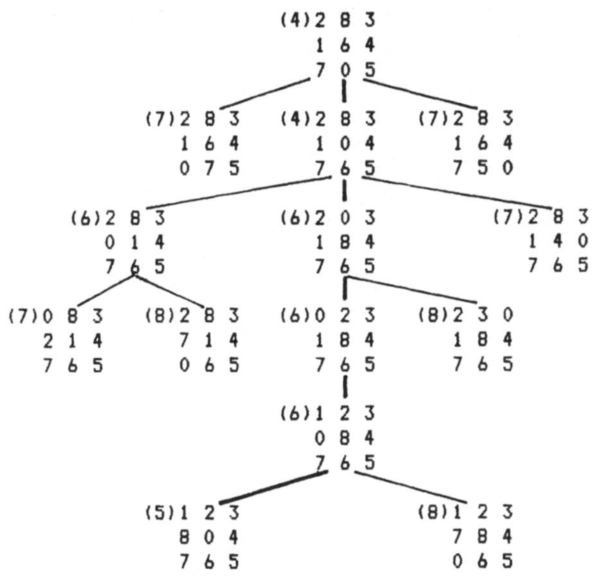

Abb.12

Anmerkungen:
a) Das hier benutze heuristische Suchvervahren liefert auf jeden
Fall eine Lösung, es garantiert jedoch nicht das Finden der
kürzesten Lösung.
b) Setzt man dist(X,Y) = 0, für alle Knoten X,Y, so ist die
Bewertung eines jeden Knotens seine Tiefe im Problembaum. In
diesem Grenzfall geht das heuristische Suchvervahren in das
Breitensuchverfahren über.

4.6. Wege in einem bewerteten Graphen

4.6.1. Kürzeste Wege

Der ungerichtete Graph in Abb.13 veranschaulicht das Straßennetz
zwischen fünf Ortschaften A,B,C,D und E. An den Bögen sind die
jeweiligen Entfernungen notiert. Als PROLOG-Programm
repräsentieren wir den auf diese Weise **bewerteten** Graphen
durch eine dreistellige Relation **vor**(X Y wert).

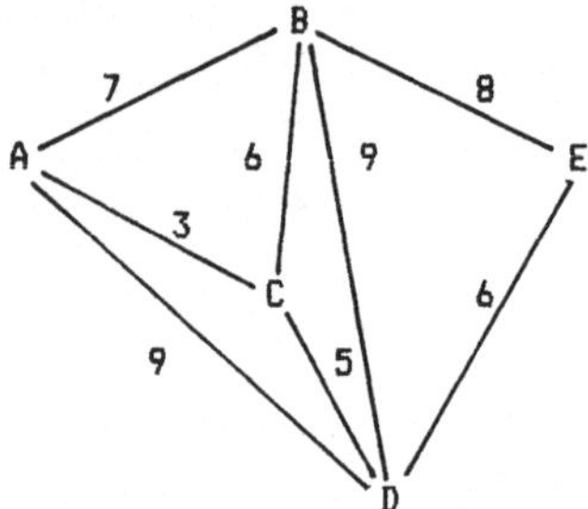

vor(A B 7)	vor(C B 6)
vor(A C 3)	vor(C D 5)
vor(A D 9)	vor(D A 9)
vor(B A 7)	vor(D B 9)
vor(B C 6)	vor(D C 5)
vor(B D 9)	vor(D E 6)
vor(B E 8)	vor(E B 8)
vor(C A 3)	vor(E D 6)

Abb13

Aufgabe 1:

Definieren Sie eine Prozedur **minweg**(start ziel weg), welche
einen Weg minimaler Länge zwischen den Knoten **start** und
ziel eines bewerteten Graphen als Wert von **weg** ausgibt.

Lösung:

Als Beispielaufgabe wählen wir für start und ziel die Knoten A
bzw. E. Abb.14 zeigt den Problembaum. Jeden Knoten des Baumes
bewerten wir mit seiner Entfernung von der Wurzel (gemessen als
Summe der Entfernungen der Teilwege).

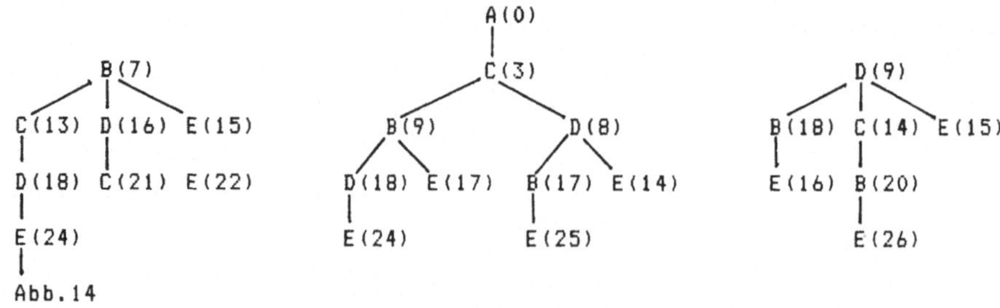

Abb.14

Jeden Weg, der von A zu einem Knoten X führt, notieren wir
wiederum als eine Liste, welche die Länge des Weges als erstes
Element, X als zweites und A als letztes Element enthält, z.B.
(18 D B C A). Dem heuristischen Suchverfahren entsprechend,
erzeugen wir einen Teilbaum des Problembaum als eine Liste von
sukzessiv anwachenden bewerteten Wegen:

```
nr    teilbaum
------------------------------------
1.    ((0 A))
2.    ((3 C A)(7 B A)(9 D A))
3.    ((7 B A)(8 D C A))
4.    ((8 D C A)(13 C B A)(15 E B A))
5.    ((13 C B A)(14 E D C A)(17 B D C A))
6.    ((14 E D C A)(17 B D C A)(18 D C B A))
```

Allgemein gehen wir dabei wie folgt vor:
(1) Zu Beginn sei **teilbaum** die Liste ((0 start))
(2) Man entferne aus **teilbaum** den ersten Weg und bestimme
    zu diesem alle Nachfolgerwege.
(3) Man füge die Nachfolgerwege so in die Liste **teilbaum** ein,
    daß die Wege mit anwachsender Bewertung angeordnet sind.
(4) Haben mehrere Wege in **teilbaum** denselben Endknoten,
    so entferne man alle diese Wege bis auf den Weg mit
    kleinster Bewertung.
(5) Man wiederhole die Schritte (2) bis (4) solange, bis ein
    Weg mit **ziel** als Endknoten im ersten Weg in **teilbaum**
    enthalten ist.

Zur Abbruchbedingung beachte man: Im Gegensatz zur Breitensuche
und zur heuristischen Suche darf das Verfahren nicht schon dann
abgebrochen werden, wenn ein Weg mit **ziel** als Endknoten in
teilbaum enthalten ist. Wie im obigen Beispiel kann ja einer
der in **teilbaum** vorangehenden Wege ebenfalls zum Zielknoten
führen und kürzer sein als der betreffende Weg. Die Umsetzung in
ein PROLOG-Programm liefert:

```
minweg(start ziel loesung) if
     baum-iter(ziel ((0 start)) rev-loesung) and
     REVERSE(rev-loesung loesung) and
     (start ziel loesung rev-loesung)vars

baum-iter(ziel ((wert ziel¦X)¦Y) (wert ziel¦X)) if
     (wert ziel)vars

baum-iter(ziel (weg¦X) rev-loesung) if
     expandiere(weg neuwege)
     einsortiere(neuwege X Y) and
     reduziere(Y neuteilbaum) and
     baum-iter(ziel neuteilbaum rev-loesung) and
     (ziel weg rev-loesung neuwege neuteilbaum)vars

expandiere((wert knoten¦X) neuwege) if
     neuwege isall((neuwert Y knoten¦X): vor(knoten Y bew) and
                   not ON(Y X) and SUM(wert bew neuwert)) and
     (wert knoten neuwege neuwert bew)vars
```

Die Prozedur **einsortiere** können wir aus 4.5 übernehmen.
Während bei den Prozeduren breitensuche und heur-suche bereits
die Prozedur expandiere dafür sorgt, daß keine unnötigen Wege in
teilbaum aufgenommen werden, kann diese "Beschneidung" hier erst
nach der Einsortierung der neu generierten Wege in teilbaum
durch eine Prozedur **reduziere** erfolgen:
```
which(x: reduziere((7 B A)(8 D C A)(9 D A)(9 B C A)) x))

((7 B A)(8 D C A))


  reduziere(()())

  reduziere(((X Y¦Z)¦x) y) if
       ON((z Y¦X1) x) and
       REMOVE((z Y¦X1) x Y1) and
       reduziere(((X Y¦Z)¦Y1) y) and /

  reduziere((X¦Y) (X¦Z)) if
       reduziere(Y Z)


one(kuerzester Weg: x: minweg(A E x))

((3 C A)(7 B A)(9 D A))

((7 B A)(8 D C A))

((8 D C A)(13 C B A)(15 E B A))

((13 C B A)(14 E D C A)(17 B D C A))

((14 E D C A)(17 B D C A)(18 D C B A))

kuerzester Weg: (A C D E 14)
```

4.6.2.Rundreiseproblem

Abb.15a zeigt noch einmal den Graph der Abb.13. Es sei jetzt das
Problem gestellt, einen Rundweg minimaler Länge zu bestimmen,
der in einem der Orte beginnt und endet und alle anderen Orte
genau einmal enthält.

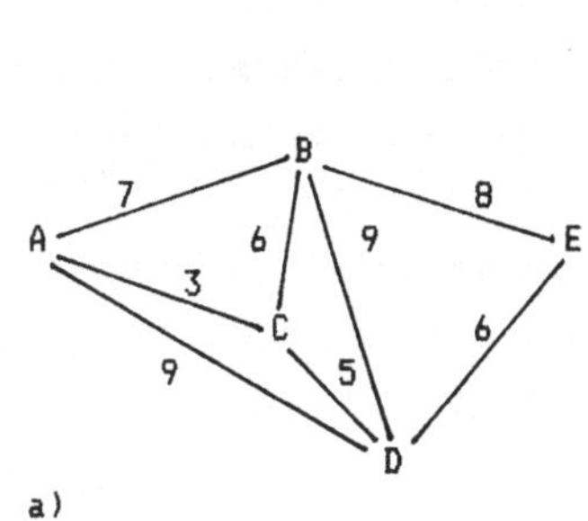

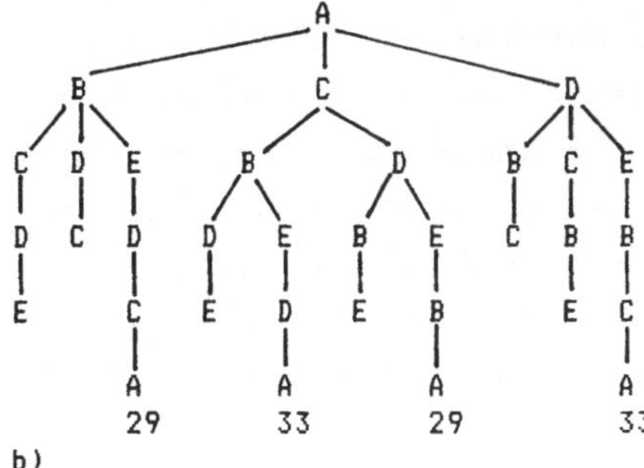

a)   b)

Abb.15

Aufgabe 2:

a) Definieren Sie eine Prozedur **rundreise**(start rundweg),
welche zu einem gegebenen Knoten alle Rundwege samt ihrer Länge
(in beliebiger Reihenfolge) ausgibt.
b) Definieren Sei eine Prozedur **min-rundreise**(start rundweg),
die alle Rundwege in der Reihenfolge ihrer Länge ausgibt.

Lösung a):

Wir übernehmen die Repräsentation des bewerteten Graphen durch
die dreistellige Relation **vor**(X Y wert) aus 4.6. Wählen wir
A als Startknoten der Rundreise, so erhalten wir den in Abb.15b
dargestellten Problembaum. Seine Wege enden entweder im Knoten A
oder in einer Sackgasse. Wir repräsentieren wiederum die von der
Wurzel ausgehenden Wege des Baums als Listen, die mit der Wurzel
enden und deren erstes Element die Länge des Weges ist. Zur
Definition der Prozedur **rundreise**(start rundweg) gehen wir
von der in 4.1. definierten Prozedur **wegsuche** aus, die den
Baum mit einem Tiefensuchverfahren absucht, und die wir in vier
Punkten abändern:

1. Das Argument **ziel** entfällt in der Hauptpozedur
rundreise und in der Prozedur **weg-iter**. Die letztere
benötigt stattdessen (wegen 3.) die Variable **start**.
2. Wie schon in 4.6 müssen wir die Bewertung der Wege
berücksichtigen.
3. Die Bedingung zur Vermeidung von Schleifen muß so abgeändert
werden, daß der Startknoten genau dann ein zweites Mal in den
Weg aufgenommen werden darf, wenn die Länge des Weges gleich der
Anzahl der Knoten des Graphen ist. Dies geschieht durch eine
Hilfsprozedur **loop-bedingung**.
4. Die Abbruchbedingung von weg-iter wird so abgeändert, daß der
durch weg-iter erzeugte Weg an die Hauptprozedur übergeben wird,
wenn der Startknoten erstes Element der (mehr als ein Element
enthaltenden) Liste ist.

```
rundreise(start rundweg) if
      weg-iter(start (0 start) rundweg) and
      (start rundweg)vars

weg-iter(start (wert start X¦Y) (wert start X¦Y)) if
      (wert start)vars

weg-iter(start (wert X¦Y) rundweg) if
      vor (X Z x) and
      loop-bedingung(start Z (X¦Y)) and
      SUM(wert x neuwert) and
      weg-iter(start (neuwert Z X¦Y) rundweg) and
      (start wert neuwert rundweg)vars

loop-bedingung(start knoten weg) if
      knotenanzahl(X) and
      (either EQ(knoten start) and LENGTH(weg X)
       or not ON(knoten weg)) and
      (start knoten weg)vars
```

Für die Prozedur loop-bedingung wird vorausgesetzt, daß die
Gesamtzahl N der Knoten des Graphen als Faktum
knotenanzahl(N) in der Datenbasis gespeichert ist. Der
Aufruf der Prozedur rundreise liefert die vier Lösungen gemäß
der Tiefensuche von links nach rechts:
all(x: rundreise(A x))
(29 A C D E B A)
(32 A D E B C A)
(29 A B E D C A)
(32 A C B E D A)

Lösung b):

Mit Hilfe der in a) definierten Prozedur rundreise(start
rundweg) und "isall" können wir alle Rundwege in einer Liste
zusammenfassen und anschließend ihrer Länge nach ordnen. Die
Durchführung sei dem Leser überlassen. Eine zweite Möglichkeit
zur Definition der Prozedur **min-rundreise**(start rundweg)
ergibt sich durch eine geringfügige Abänderung der Prozedur
minweg(start ziel weg), die wir in 4.6. zur Bestimmung
kürzester Wege in einem bewerteten Graphen definiert haben.

```
min-rundreise(start rundweg) if
      baum-iter(start ((0 start)) rundweg) and
      (start rundweg)vars

baum-iter(start ((wert start X¦Y)¦Z) ((wert start X¦Y)¦Z)) if
      (wert start)vars

baum-iter(start (weg¦X) rundweg) and
      expandiere(start (weg¦X) neuwege)
      einsortiere(neuwege X neuteilbaum) and
      baum-iter(start neuteilbaum rundweg) and
      (start weg rundweg neuwege neuteilbaum)vars

expandiere(start (wert knoten¦X) neuwege) if
      neuwege isall ((neuwert Y knoten¦X):
                  vor(knoten Y bew) and
                  loop-bedingung(start Y X) and
                  SUM(wert bew neuwert)) and
      (start wert knoten neuwege neuwert bew)vars
```

Durch Einfügen geeigneter Druckanweisungen in baum-iter können
wir wiederum die Wirkung der Prozedur baum-iter verfolgen:

```
all(Loesung: x: min-rundreise(A x))
((0 A))
((3 C A)(7 B A)(9 D A))
((7 B A)(8 D C A)(9 D A)(9 B C A))
--- 28 weitere Zeilen ---
((29 A B E D C A)(29 C B E D A)(29 A C D E B A)(32 A D E B C A))
Loesung: (29 A B E D C A)
((29 C B E D A) (29 A C D E B A)(32 A D B E C A))
((29 A C D E B A)(32 A D E B C A)(32 A C B E D A))
Loesung: (29 A C D E B A)
((32 A D E B C A)((32 A C B E D A))
Loesung: (32 A D E B C A)
Loesung: (32 A C B E D A)
```

5. Spiele

5.1. Ein einfaches Spiel gegen den Computer

5.1.1. Repräsentation des Spiels durch einen Spielbaum
Zwei Spieler W (WEISS) und S (SCHWARZ) spielen das folgende
Zerlegespiel: Zu Beginn liegt ein Haufen von N Spielmarken auf
dem Tisch. Der Spieler W beginnt und zerlegt den Haufen in
zwei Haufen mit unterschiedlicher Anzahl von Spielmarken.
Nun wählt B **einen** der Haufen und zerlegt diesen in zwei
Haufen unterschiedlicher Markenanzahl. Die Wahl eines Haufens
und seine Zerlegung in zwei Haufen mit unterschiedlicher
Markenanzahl wird so lange wie möglich fortgesetzt. Derjenige
Spieler, der den letzten Zug zieht, hat gewonnen.

Die möglichen Spielverläufe stellen wir durch einen
Spielbaum dar (Abb.1). Hier bedeutet z.B. "134", daß der
Spielzustand aus drei Haufen mit 1, 3 bzw. 4 Spielmarken
besteht. Durch Zerlegen des Haufens mit 3 Steinen in zwei Haufen
mit 1 bzw. 2 Steinen geht der Zustand 134 in den Zustand 1124
über.

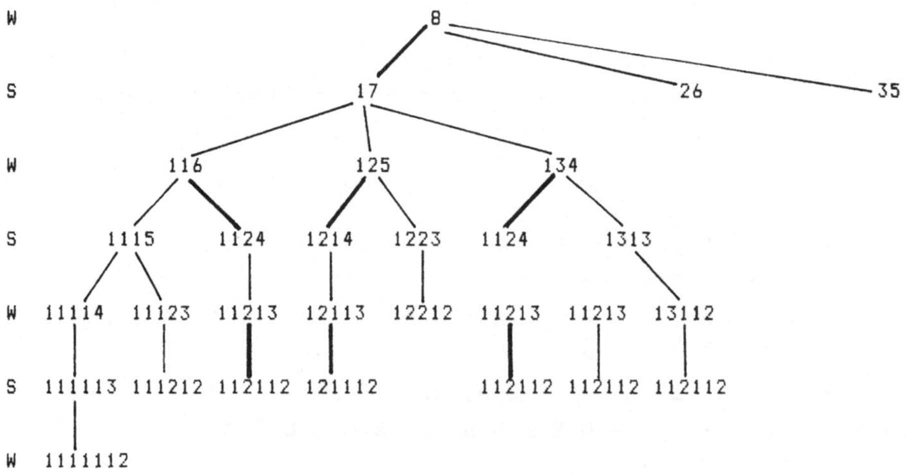

Abb.1

Dem (unvollständig) gezeichneten Spielbaum entnehmen wir z.B.,
daß der Spieler A auf jeden Fall gewinnen kann. Er braucht dazu
nur die durch verstärkt gezeichnete Linien gekennzeichneten Züge
zu befolgen. Unser Ziel ist ein PROLOG-Programm, welches die
Rolle des Spielers S übernimmt, d.h. der Spieler W soll gegen
den Computer spielen. Dabei soll der Computer so gut wie möglich
spielen. Wie wir gesehen haben, hat der Spieler A die Chance,
den Computer zu schlagen, wenn das Spiel mit acht Spielmarken
beginnt.

Für ein PROLOG-Programm repräsentieren wir die Spielzustände
nicht durch Zahlwörter, sondern durch entsprechende Listen von
Zahlen. Ferner benötigen wir zur Repräsentation des Spielbaums
die folgenden Prädikate:
a) **w-zustand**(X) ist für einen Zustand X genau dann erfüllt,
falls W am Zug ist, z.B.:
is(w-zustand((1 2 5))) ---> YES
b) **w-zielzustand**(X) ist für einen Zustand X genau dann
erfüllt, falls X ein **Endzustand** ist und W gewonnen hat
(S ist am Zug, kann aber nicht mehr ziehen), z.B.:
is(w-zielzustand((1 1 2 1 1 2))) ---> YES
is(w-zielzustand((1 1 1 1 1 3))) ---> NO
c) **w-zug**(X Y) ist für zwei Zustände X und Y genau dann
erfüllt, falls W am Zug ist und den Zustand X in den Zustand Y
überführt, z.B.:
all(x: w-zug((8) x)) --> (1 7), (2 6), (3 5)
Entsprechende Bedeutung haben die Prädikate **s-zustand**(X),
s-zielzustand(X) und **s-zug**(X Y).

Aufgabe 1:
Definieren Sie für das Zerlegespiel die Prädikate w-zustand,
s-zustand, w-zielzustand, s-zielzustand, w-zug(X Y) und
s-zug(X Y).

Lösung:

Da bei jedem Zug die Anzahl der Haufen um eins anwächst und W
stets mit einem Haufen beginnt, enthalten die W-Zustände
eine ungerade, die S-zustände eine gerade Anzahl von Zahlen. Auf
diese Weise können wir entscheiden, ob W oder S am Zuge ist.

```
w-zustand(X) if                 s-zustand(X) if
    not geradzahlig(X)              geradzahlig(X)

geradzahlig((X Y))

geradzahlig((X Y¦Z)) if
    geradzahlig(Z)
```

Ein W-Zielzustand ist ein S-Zustand, von dem aus es keinen Zug
mehr gibt. Entsprechendes gilt für S-Zielzustände:

```
w-zielzustand(X) if             s-zielzustand(X) if
    s-zustand(X) and                w-zustand(X) and
    not zug(X Y)                    not zug(X Y)
```

Ein W-Zug von X nach Y ist ein Zug von einem W-Zustand X zu
einem Folgezustand Y:

```
w-zug(X Y) if                   s-zug(X Y) if
    w-zustand(X) and                s-zustand(X) and
    zug(X Y)                        zug(X Y)
```

Zur Definition von **zug**(X Y) benötigen wir ein Prädikat
zerlege(X Y Z), welches eine natürliche Zahl X in zwei
Summanden Y und Z zerlegt, für die Y < Z gilt, z.B.:
which((x y): zerlege(8 x y)) ---> (1 7), (2 6), (3 5)

```
zerlege(X Y Z) if
    rev-abschnitt(X (x¦y)) and
    ON(Z y) and
    SUM(Z Y X) and
    LESS(Y Z)
```

Hier erzeugt die Hilfsprozedur **rev-abschnitt**(X Y) zu einer
natürlichen Zahl X den revertierten Abschnitt von X bis 1, z.B.:
which(x: rev-abschnitt(7 x)) ---> (7 6 5 4 3 2 1)

```
rev-abschnitt(1 (1))

rev-abschnitt(X (X¦Y)) if
     LESS(1 X) and
     DIF(X 1 Z) and
     rev-abschnitt(Z Y)
```

5.1.2. Das Finden des besten Zuges

Da in unserem Spiel kein **Remie** als Spielausgang vorkommt,
trifft für jeden Zustand des Spieles genau einer der folgenden
vier Fälle zu:

(1) W ist am Zug und kann einen Sieg erzwingen.

(2) S ist am Zug und kann keinen Sieg von W verhindern.

(3) S ist am Zug und kann einen Sieg erzwingen.

(4) W ist am Zug und kann keinen Sieg von S verhindern.

In den ersten beiden Fällen heißt der Zustand ein
W-Gewinnzustand, in den letzten beiden Fällen ein
S-Gewinnzustand. Wir können beide Begriffe rekursiv
definieren:

(a) X ist ein W-Gewinnzustand, falls X ein W-Zielzustand ist.

(b) X ist ein W-Gewinnzustand, falls W am Zug ist und
wenigstens ein W-Zug von X zu einem W-Gewinnzustand Y führt.

(c) X ist ein W-Gewinnzustand, falls S am Zug ist und **jeder**
S-Zug von X aus zu einem W-Gewinnzustand führt.

Entsprechend die Definition für S-Gewinnzustand. Sei nun W am
Zug. Falls der Zustand ein W-Gewinnzustand ist, so wird W -
sofern W das Spiel vollständig durchschaut - als **besten** Zug
einen solchen wählen, der wieder zu einem W-Zustand führt.
Anderenfalls wird W einen beliebigen Zug wählen. Entsprechendes
gilt wiederum für den Spieler S.

Aufgabe 2:

Definieren Sie die PROLOG-Prädikate **w-gewinnzustand**(X),
s-gewinnzustand(X), **bester-w-zug**(X Y) und **bester-s-zug**(X Y).

Lösung:

```
w-gewinnzustand(X) if            s-gewinnzustand(X) if
    w-zielzustand(X)                 s-zielzustand(X)

w-gewinnzustand(X) if            s-gewinnzustand(X) if
    w-zug(X Y) and                  s-zug(X Y) and
    w-gewinnzustand(Y)              s-gewinnzustand(Y)

w-gewinnzustand(X) if            s-gewinnzustand(X) if
    s-zug(X Y) and                  w-zug(X Y) and
    (forall s-zug(X Z)              (forall w-zug(X Y)
     then w-gewinnzustand(Z))        then s-gewinnzustand(Z))

bester-w-zug(X Y) if             bester-s-zug(X Y) if
    w-zug(X Y) and                  s-zug(X Y) and
    w-gewinnzustand(Y)              s-gewinnzustand(Y)

bester-w-zug(X Y) if             bester-s-zug(X Y) if
    w-zug(X Y)                      s-zug(X Y)
```

5.1.3. Spiel gegen den Computer

Aufgabe 3:

a) Definieren Sie zwei Prädikate **w-spiel**(X) und **s-spiel**(X),
die sich wechselseitig mit dem jeweiligen Zustand X aufrufen und
ein Spiel des Computers gegen sich selber kontrollieren. Dabei
sollen jeweils die best-möglichen Züge gewählt werden.
b) Ändern Sie die Definition von **w-spiel** so ab, daß ein
menschlicher Spieler den Part von W übernimmt.

Lösung a):

```
w-spiel(X) if                    s-spiel(X) if
    s-zielzustand(X) and            w-sielzustand(X) and
    PP(S hat gewonnen)              PP(W hat gewonnen)

w-spiel(X) if                    s-spiel(X) if
    bester-w-zug(X Y) and           bester-s-zug(X Y) and
    PP(W: X nach Y) and             PP(S: X nach Y) and
    s-spiel(Y)                      w-spiel(Y)
```

```
is((w-spiel((8)))
W: (8) nach (1 7)
S: (1 7) nach (1 1 6)
W: (1 1 6) nach (1 1 2 4)
S: (1 1 2 4) nach (1 1 2 1 3)
W: (1 1 2 1 3) nach (1 1 2 1 1 2)
W hat gewonnen
```

Lösung b):

Wir ersetzen **bester-w-zug(X Y)** in der zweiten Klause von
w-spiel durch **lies-w-zug(X Y)**:

```
    lies-w-zug(X Y) if
        P(> ) and
        R(Z) and
        (either w-zug(X Z) and EQ(Z Y)
         or PP(kein gueltiger Zug!) and lies-w-zug(X Y))
```

```
is(w-spiel((8)))
> (3 5)
W: (8) nach (3 5)
S: (3 5) nach (3 2 3)
> (3 2 1 2)
W: (3 2 3) nach (3 2 1 2)
S: (3 2 1 2) nach (1 2 2 1 2)
S hat gewonnen
```

Da der Anfangszustand (8) ein Gewinnzustand für A ist, kann der
Spieler A bei optimalem Spiel gegen den Computer gewinnen. Im
obigen Beispiel macht er jedoch schon beim ersten Zug einen
Fehler, indem er zu dem S-Gewinnzustand (3 5) zieht. Das nutzt
der Computer aus und gewinnt wegen seines optimalen Spiels.

5.1.4. Gewinnstrategien

Von jedem W-Gewinnzustand kann der Spieler W den Sieg erzwingen.
Den Plan, den der Spieler W dazu befolgen muß, nennen wir die zu
dem W-Gewinnzustand gehörende **W-Gewinnstrategie**. Die
verstärkt gezeichneten Linien in Abb.1 veranschaulichen die zum
W-Gewinnzustand (8) gehörende W-Gewinnstrategie :

```
Wenn (8), dann (1 7)
wenn (1 1 6), dann (1 1 2 4),
wenn (1 2 5), dann (1 2 1 4),
wenn (1 3 4), dann (1 1 2 4),
wenn (1 1 2 1 3), dann (1 1 2 1 1 2),
wenn (1 2 1 1 3), dann (1 2 1 1 1 2),
wenn (1 1 2 1 3), dann (1 1 2 1 1 2).
```

Einfügen der Druckanweisung PP(wenn X, dann Y) als letzte
Bedingung in die zweite Klause des Prädikates w-gewinnzustand
(vgl. Aufgabe 2) bewirkt beim Aufruf "is(w-gewinnzustand(X))"
den Ausdruck der Gewinnstrategie von X, sofern X ein
W-Gewinnzustand ist:

```
w-gewinnzustand(X) if
     w-zug(X Y) and
     w-gewinnzustand(Y) and
     PP(wenn X, dann Y)
```

Ersetzen wir die Druckanweisung durch "add((w-gewinnzug(X Y)))",
so wird die Klause (w-gewinnzug(X Y)) dem Programm hinzugefügt,
und auf diese Weise die Gewinnstrategie als Datenbasis zu dem
Prädikat **w-gewinnzug** gespeichert. Entsprechendes gilt
natürlich auch für S-Gewinnstrategien. So könnte der Computer in
der Rolle des Spielers S beim ersten Treffen auf einen
S-Gewinnzustand die zugehörige Gewinstrategie mit Hilfe des
Prädikates s-gewinnzug speichern und im Folgenden bei der
Bestimmung des besten S-Zuges darauf zurückgreifen. Die
Durchführung sei dem Leser überlassen.

Wenn ein Gewinnzustand mehrere Gewinnstrategien besitzt, so
erhält man auf diese Weise nur eine einzige. Das folgende
Prädikat **w-gewinnstrategie**(X Y) liefert hingegen zu einem
W-Gewinnzustand X **alle** Gewinnstrategien Y als Listen von
Zustandspaaren, z.B.:

```
one(x: w-gewinnstrategie((8) x)) --->
(((8) (1 7)) ((1 3 4)(1 1 2 4)) ((1 1 2 1 3)(1 1 2 1 1 2))
 ((1 2 5)(1 2 1 4)) ((1 2 1 1 3)(1 2 1 1 1 2))
 ((1 1 6))(1 1 2 4)) (1 1 2 1 3)(1 1 2 1 1 2)))

   w-gewinnstrategie(X ()) if
       w-zielzustand(X)

   w-gewinnstrategie(X ((X Y)¦Z)) if
       w-zug(X Y) and
       w-gewinnstrategie(Y Z)

   w-gewinnstrategie(X Y) if
       w-zug(X Z) and
       x isall(y: s-zug(X y)) and
       liste-aller-w-gewinnstr(x Y)
```

Die drei Klausen entsprechen den drei Klausen des Prädikates
w-gewinnzustand. In der letzten Klause werden in einer Liste x
alle Nachfolgerzustände des Zustandes X gesammelt. Die Prozedur
liste-aller-w-gewinnstr(x X) bildet dann die
Vereinigungsmenge aller Gewinnstrategien zu Zuständen in x:

```
   liste-aller-w-gewinnstr(()())

   liste-aller-w-gewinnstr((X¦Y) Z) if
       w-gewinnstr(X x) and
       liste-aller-w-gewinnstr(Y y) and
       APPEND(x y Z)
```

5.1.5. Verallgemeinerung auf Spiele mit Remiezuständen

Unser Zerlegespiel läßt kein **Remie** als Ausgang zu. Deshalb
ist jeder Spielzustand entweder ein W-Gewinnzustand oder ein
S-Gewinnzustand. Das gilt jedoch nicht, falls das Spiel auch mit
Remie enden kann. Ein **Remiezustand** ist in diesem Fall ein
Zustand, in dem der jeweilige Spieler ein Remie erzwingen kann,
aber auch nicht mehr. Einen Endzustand X, der mit Remie endet,
beschreiben wir durch das Prädikat **r-zielzustand**(X). Damit
die in 5.1.2 bis 5.1.4 definierten PROLOG-Prozeduren auch auf
Spiele mit Remie anwendbar sind, müssen wir die Definitionen für
bester-w-zug(X Y) und **bester-s-zug**(X Y) durch eine
Klause ergänzen, die an zweiter Stelle eingeschoben wird.

Falls es keinen Zug zu einem (eigenen) Gewinnzustand gibt, prüft
sie, ob es einen Zug zu einem Remiezustand gibt, also einem
Zustand, der wenigstens kein Gewinnzustand für den Gegner ist.
Die Definitionen lauten nunmehr:

```
bester-w-zug(X Y) if            bester-s-zug(X Y) if
    w-zug(X Y) and                 s-zug(X Y) and
    w-gewinnzustand(Y)             s-gewinnzustand(Y)

bester-w-zug(X Y) if            bester-s-zug(X Y) if
    w-zug(X Y) and                 s-zug(X Y) and
    not s-gewinnzustand(Y)         not w-gewinnzustand(Y)

bester-w-zug(X Y) if            bester-s-zug(X Y) if
    w-zug(X Y)                     s-zug(X Y)
```

Ferner müssen wir die Prädikate **w-spiel** und **s-spiel** für
das Spiel des Computers gegen sich selber durch eine
Abbruchklause bei Remie ergänzen:

```
w-spiel(X) if                  s-spiel(X) if
    s-zielzustand(X) and           w-sielzustand(X) and
    PP(S hat gewonnen)             PP(W hat gewonnen)

w-spiel(X) if                  s-spiel(X) if
    DEF(r-zielzustand) and         DEF(r-zielzustand) and
    r-zielzustand(X) and           r-zielzustand
    PP(Remie)                      PP(Remie)

w-spiel(X) if                  s-spiel(X) if
    bester-w-zug(X Y) and          bester-s-zug(X Y) and
    PP(W: X nach Y) and            PP(S: X nach Y) and
    s-spiel(Y)                     w-spiel(Y)
```

Das Systemprädikat **DEF** prüft, ob **r-zielzustand** ein
definiertes Prädikat ist. Auf diese Weise ist das Programm auch
auf Spiele anwendbar, in denen kein Remie vorkommt.

5.2. Das Spiel Tic-Tac-Toe

5.2.1. Repräsentation des Spiels

Als Beispiel für ein einfaches Spiel, das uns aber auf die
Grenzen der in 5.1. behandelten Methoden aufmerksam machen wird,
betrachten wir das Spiel **Tic-Tac-Toe**. Bei diesem Spiel
werden die neun Felder eines quadratischen Spielbretts
nacheinander von den beiden Spielern W und S mit weißen bzw.
schwarzen Steinen besetzt. Ähnlich wie beim Mühlespiel ist es
das Ziel jedes Spielers, eine aus drei eigenen Steinen
bestehende Reihe zu erzeugen, was der Gegner zu verhindern
trachtet.

Abb.2 zeigt einen Ausschnitt aus dem Anfang des Spielbaums. Bei
der Darstellung der Zustände haben wir die Positionen der weißen
und schwarzen Steine durch w bzw. s markiert, sowie noch
unbesetzte Felder durch o.

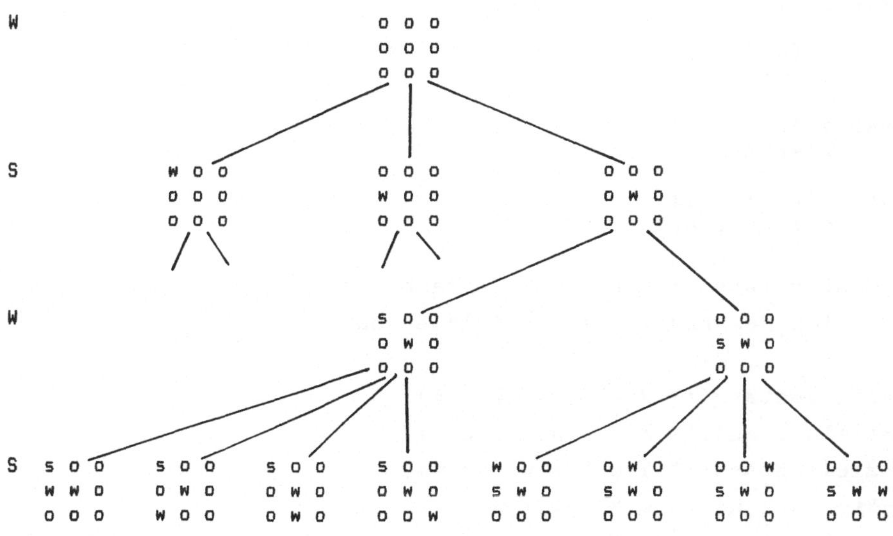

Abb.2

Aufgabe 1:
a) Definieren Sie zur Repräsentation des Spiels die Prädikate
w-zustand, s-zustand, w-zielzustand, s-zielzustand,
r-zielzustand, w-zug und s-zug.

b) Wenden Sie die in 5.1.2 definierte und in 5.1.4 ergänzte
Prozedur w-gewinnzustand auf das Spiel an.

Lösung a):

In naheliegender Weise repräsentieren wir die Spielzustände als
neun-elementige Listen der drei Buchstaben w, s bzw. o. So wird
beispielsweise der Anfangszustand durch (o o o o o o o o o)
repräsentiert und die drei Nachfolgerzustände in Abb.2 durch
(w o o o o o o o o), (o o o w o o o o o) und (o o o o w o o o o).
Zur Unterscheidung von W-Zuständen und S-Zuständen benutzen wir
das Prädikat **paarig**(X), das auf einen Zustand X genau dann
zutrifft, falls die Anzahl der "o", also die Anzahl der
unbesetzten Felder gerade ist:

```
w-zustand(X) if
    not paarig(X)

s-zustand(X) if
    paarig(X)

paarig(())

paarig((w¦X)) if
    paarig(X)

paarig((s¦X)) if
    paarig(X)

paarig((o¦X)) if
    not paarig(X)
```

Der Mustererkenner von PROLOG erlaubt die folgende sehr einfache
Definition des Prädikates **w-zielzustand**:

```
w-zielzustand((X Y w Z w x w y z))
w-zielzustand((w X Y Z w x y z w))
w-zielzustand((X Y w Z x w y z w))
w-zielzustand((X w Y Z w x y w z))
w-zielzustand((w X Y w Z x w y z))
w-zielzustand((X Y Z x y z w w w))
w-zielzustand((X Y Z w w w x y z))
w-zielzustand((w w w X Y Z x y z))
```

Ersetzung von **w** durch **s** liefert die Definition von
s-zielzustand. Das Spiel endet mit Remie, wenn alle neun
Felder besetzt sind, und kein W-Zielzustand vorliegt:

```
r-zielzustand(X) if
    not ON(o X) and
    not w-zielzustand(X)
```

Zur Definition von **w-zug**(X Y) und **s-zug**(X Y) benutzen
wir ein dreistelliges Prädikat **zug**(X Y farbe), welches zu
einem Zustand X und einer der beiden Farben "w" oder "s" ein
noch unbesetztes Feld mit "w" bzw. "s" belegt, z.B.:

one(x: zug((w s o o s w o o o) x w)) ---> (w s w o s w o o o)

```
w-zug(X Y) if                      s-zug(X Y) if
    w-zustand(X) and                   s-zustand(X) and
    not s-zielzustand(X) and           not w-zielzustand(X) and
    zug(X Y w)                         zug(X Y s)

zug(X Y farbe) if
    pos ON (1 2 3 4 5 6 7 8 9) and
    besetze(X pos farbe Y) and
    (farbe pos)vars

besetze(X pos farbe Y) if
    APPEND(Z (o¦x) X) and
    LENGTH(Z y) and
    DIF(pos 1 y) and
    APPEND((Z (farbe¦x) Y) and
    (pos farbe)vars
```

all(x: w-zug((o o o s w o w s o) x)

(**w** o o s w o w s o)

(o **w** o s w o w s o)

(o o **w** s w o w s o)

(o o o s w **w** w s o)

(o o o s w o w s **w**)

Lösung b):
Mit Hilfe des in 5.1.2 definierten Prädikates
w-gewinnstrategie(X) können wir prüfen, ob ein W-Zustand X
ein W-Gewinnzustand ist oder nicht, und im positiven Fall eine
Gewinnstrategie ausdrucken lassen (vgl. 5.1.4), z.B.:

```
is(w-gewinnzustand((w o o o w s o o s)))
wenn (w s w o w s o o s) dann (w s w o w s w o s)
wenn (w o w s w s o o s) dann (w w w s w s o o s)
wenn (w o w o w s s o s) dann (w w w o w s s o s)
wenn (w o w o w s o s s) dann (w w w o w s o s s)
wenn (w o o o w s o o s) dann (w o w o w s o o s)
YES
```

Eine entsprechende Entscheidung für den Anfangszustand
(o o o o o o o o o) benötigt wegen des sich breit verzweigenden
Spielbaums einen derart hohen Zeitaufwand, daß die in 5.1.
angegebenen Verfahren (z.B. für das Spiel des Computers gegen
sich selber oder gegen einen menschlichen Spieler) nicht mehr
praktikabel sind. Um dennoch gegen den Computer Tic-Tac-Toe
spielen zu können, ergreifen wir zwei Maßnahmen:
a) Durch Ausnutzung von Symmetrieeigenschaften der Spielzustände
reduzieren wir die Breite des Spielbaums (vgl. 5.2.2).
b) Wir verzichten auf eine vollständige Analyse des Spielbaums
zur Ermittlung des besten Computerzuges und benutzen stattdessen eine heuristische Bewertungsfunktion für die
Spielzustände (vgl. 5.3.2).

5.2.2. Reduzierung der Breite des Spielbaums

Abb.3. zeigt einen Ausschnitt des Spielbaumes, nämlich alle
Nachfolgerzustände des Anfangszustandes (0) und alle
Nachfolgerzustände des Zustandes (4).

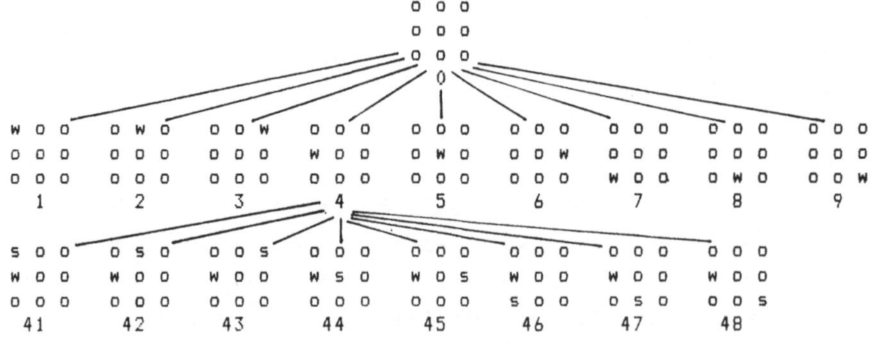

Abb.3

Man erkennt zunächst, daß die Zustände (1), (3), (7) und (9)
nicht unterschieden zu werden brauchen, da sie durch Drehung des
Spielbretts auseinander hervorgehen. Aus demselben Grund braucht
man die Zustände (2), (4), (6) und (8) nicht zu unterscheiden.
Somit gibt es nur **drei** wesentlich verschiedene Nachfolger
von (1). Betrachten wir nun die Nachfolger von (4). Hier
brauchen wir (41) und (46), (42) und (47) sowie (43) und (48)
nicht zu unterscheiden, denn die beiden Zustände gehen jeweils
durch eine Geradenspiegelung am Spielbrett auseinander hervor.
Wenn wir uns daher auf jeweils einen Vertreter der nicht
unterscheidbaren Zustände beschränken, erhalten wir einen
Spielbaum, der wesentlich "schmaler" als der ursprüngliche
Spielbaum ist, z.B. den Spielbaum in Abb.4.

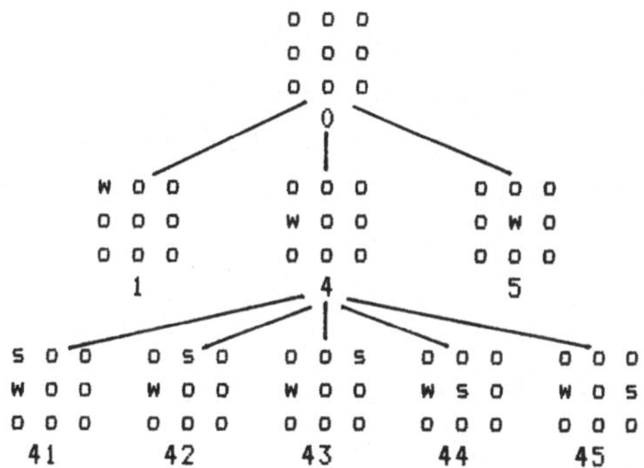

Abb.4

Dieser Baum entsteht, wenn wir die Zugwahl durch folgende vier
Regeln einschränken:
(1) Ist ein Zustand symmetrisch zur vertikalen Spiegelachse, so
werden nur die noch leeren Felder mit den Posititionen 1, 2, 4,
5, 7, 8 belegt. (Dabei denke man sich die neun Felder von links
nach rechts und von oben nach unten von 1 bis 9 durchnumeriert.)
(2) Ist ein Zustand symmetrisch zur horizontalen Spiegelachse,
so werden nur die noch freien Felder mit den Positionen 1, 2, 3,
4, 5, 6 belegt.

(3) Ist ein Zustand symmetrisch zur Hauptdiagonalen (links oben
nach rechts unten), so werden nur die noch freien Felder mit den
Positionen 1, 4, 5, 6, 7, 8 belegt.
(4) Ist ein Zustand symmetrisch zur Nebendiagonalen, so werden
nur die noch freien Felder mit den Positionen 1, 2, 3, 4, 5, 6
belegt.

Wir gehen im folgenden davon aus, daß sich die Spieler W und S
an diese (für den Spielverlauf unwesentliche) Einschränkung in
der Zugwahl halten.

Aufgabe 2:
Definieren Sie zunächst die vier Prädikate **sym-ver**(X),
sym-hor(X), **sym-hdi(X)** und **sym-ndi(X)**, welche für
einen Zustand X prüfen, ob dieser achsensymmetrisch zur
Horizontalen, zur Vertikalen, zur Hauptdiagonalen bzw. zur
Nebendiagonalen des Spielfeldes ist. Definieren Sie sodann mit
ihrer Hilfe das Prädikat **zug**(X Y farbe) neu.

Lösung:

Der Mustererkenner von PROLOG erlaubt die folgenden einfachen
Definitionen der vier Symmetrieprädikate:

```
sym-ver((X Y X Z x Z y z y))
sym-hor((X Y Z x y z X Y Z))
sym-hdi((X Y Z Y x y Z y z))
sym-ndi((X Y Z x y Y z x X))
```

Für die Definition von zug(X Y farbe) müssen wir zur
Berücksichtigung der verschiedenen Symmetriefälle der bisherigen
Definition (vgl.5.2.1) fünf weitere Klausen hinzufügen. Dabei
beachten wir, daß ein Spielzustand, der achsensymmetrisch sowohl
zur vertikalen als auch zu horizontalen Achse ist, auch zu den
beiden Diagonalachsen achsensymmetrisch ist. Man beachte auch
die Stellung des Cut, welche dafür sorgt, daß jeweils genau die
richtige Lösungsmenge gefunden wird. Die neue Definition von
zug lautet nunmehr::

```
zug(X Y farbe) if
    sym-ver(X) and
    sym-hor(X) and / and
    pos ON (1 4 5) and
    besetze(X pos farbe Y) and
    (farbe pos)vars

zug(X Y farbe) if
    sym-ver(X) and / and
    pos ON (1 2 4 5 7 8) and
    besetze(X pos farbe Y) and
    (farbe pos)vars

zug(X Y farbe) if
    sym-hor(X) and / and
    pos ON (1 2 3 4 5 6) and
    besetze(X pos farbe Y) and
    (farbe pos)vars

zug(X Y farbe) if
    sym-hdi(X) and / and
    pos ON (1 4 5 7 8 9) and
    besetze(X pos farbe Y) and
    (farbe pos)vars

zug(X Y farbe) if
    sym-ndi(X) and / and
    pos ON (1 2 3 4 5 7) and
    besetze(X pos farbe Y) and
    (farbe pos)vars

zug(X Y farbe) if
    pos ON (1 2 3 4 5 6 7 8 9) and
    besetze(X pos farbe Y) and
    (farbe pos)vars
```

5.3. Minmax-Verfahren zur Bestimmung optimaler Züge

5.3.1. Vollständige Bewertung des Spielbaums

Eine weitere Möglichkeit zur Bestimmung eines optimalen Zuges
für W bzw. S liefert das **Minmax-Verfahren**. Dieses Verfahren
ordnet jedem Zustand eines Spiels nach folgender Vorschrift eine
der drei Zahlen 1, 0 oder -1 zu:
(1) Jeder Endzustand des Spieles wird mit 1, -1 oder 0 bewertet,
je nachdem ob der Zustand ein W-Zielzustand, ein S-Zielzustand
oder ein R-Zielzustand ist.
(2) Jedem Spielzustand, bei dem W am Zug ist, wird das
Maximum der Bewertungen aller Nachfolgerzustände zugeordnet.
(3) Jedem Spielzustand, bei dem S am Zug ist, wird das
Minimum der Bewertungen aller Nachfolgerzustände zugeordnet.

Zur Erläuterung des Verfahrens diene der Spielbaum eines sehr
einfachen fiktiven Spiels, das in Abb.5 durch seinen Spielbaum
repräsentiert wird. Für die Endzustände sei festgelegt: J, M, O
und S seien W-Zielzustände; L, T und U seien S-Zielzustände; K,
N, P, Q und R seien R-Zielzustände. Die den Zuständen
zugeordneten Zahlen geben dann die **Bewertungen** der Zustände
gemäß dem oben definierten Minmax-Verfahren an.

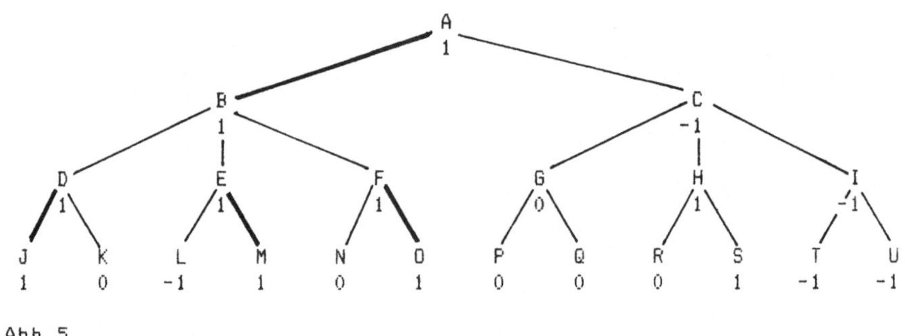

Abb.5

Auf Grund dieses Bewertungsverfahrens und der Definition der
Begriffe **W-Gewinnzustand**, **S-Gewinnzustand** und **Remiezustand**
(vgl. 5.1.1 und 5.1.5) sieht man unmittelbar ein:

(a) Jeder Zustand mit der Bewertung 1 ist ein W-Gewinnzustand,

(b) jeder Zustand mit der Bewertung -1 ist ein S-Gewinnzustand,

(c) jeder Zustand mit der Bewertung 0 ist ein Remiezustand.

Aufgabe 1:

a) Definieren Sie eine Prozedur **minmax**(X Y), die zu jedem
Zustand X die Bewertung Y gemäß dem Minmax-Verfahren liefert.
b) Definieren Sie die Prozeduren **bester-w-zug**(X Y) und
bester-s-zug(X Y). Die Prozedur bester-w-zug(X Y) soll zu
jedem W-Zustand X einen Nachfolgezustand Y mit maximaler
Bewertung liefern. Die Prozedur bester-s-zug(X Y) soll zu jedem
S-Zustand X einen Nachfolgezustand Y mit minimaler Bewertung
liefern.
c) Repräsentieren Sie das fiktive Spiel der Abb.5 in geeigneter
Weise und wenden Sie die unter a) und b) definierten Prozeduren
auf das Spiel an.

Lösung a):
Die obige rekursive Definition des Minmax-Verfahrens läßt sich
unmittelbar in die gesuchten Prozeduren übersetzen:

```
minmax(X 1) if
     w-zielzustand(X) and
     PP(X 1) and /

minmax(X 0) if
     r-zielzustand(X) and
     PP(X 0) and /

minmax(X -1) if
     s-zielzustand(X) and
     PP(X -1) and /

minmax(X Y) if
     w-zustand(X) and
     Z isall(x: w-zug(X y) and minmax(y x)) and
     MAX(Z Y) and
     PP(X Y)

minmax(X Y) if
     s-zustand(X) and
     Z isall(x: s-zug(X y) and minmax(y x)) and
     MIN(Z Y) and
     PP(X Y)
```

Hier ermitteln die Prozeduren **MAX**(X Y) und **MIN**(X Y) das
Maximum bzw. das Minimum einer Zahlenliste X. Die eingefügten
Druckanweisungen bewirken, daß die Bewertungen aller Zustände,
die zu dem Spielbaum mit X als Wurzel gehören, ausgedruckt
werden. Ersetzt man sie durch add((minmax-fakten(X Y))), so
werden die bewerteten Zustände als Fakten des Prädikates
minmax-fakten dem Prologprogramm hinzugefügt. Der Cut in den
Klausen eins bis drei erspart das Abfragen zusätzlicher
Bedingungen in den Klausen vier und fünf.

Lösung b):

```
bester-w-zug(X Y) if
     Z isall((wert zust): w-zug(X zust)
             and minmax(zust wert)) and
     MAX-OBJ(Z (x Y)) and
     (zust wert)vars

bester-s-zug(X Y) if
     Z isall((wert zust): s-zug(X zust)
             and minmax(zust wert)) and
     MIN-OBJ(Z (x Y)) and
     (zust wert)vars
```

Die prozedurale Lesart von **bester-w-zug**(X Y) lautet:
(1) Bilde die Menge Z aller Paare (wert zust), für die zust ein
Nachfogerzustand von X und wert die Bewertung von zust durch
minmax ist.
(2) Suche aus der Paarmenge Z ein Paar (x Y) aus, dessen Zustand
Y einen maximalen Wert hat.
(3) Gib Y als besten Nachfolgerzustand von X aus.

Der Schritt (2) wird von der Prozedur **MAX-OBJ**(X Y)
geleistet, die zu einer Liste X von bewerteten Objekten das Paar
mit maximaler Bewertung ausgibt, z.B.:
which(x: MAX-OBJ(((5 a)(3 b)(7 c)(2 d)))) ---> (7 c)

Sie benutzt die Hilfs-Prozedur **gr-obj**(X Y Z), welche zu zwei
bewerteten Paaren X und Y das Paar mit der größeren (oder gleich
großen) Bewertung ausgibt. Entsprechend wird die Prozedur
MIN-OBJ(X Y) mit Hilfe von **kl-obj**(X Y Z) definiert:

```
MAX-OBJ((X) X)                    MIN-OBJ((X) X)

MAX-OBJ((X¦Y) Z) if               MIN-OBJ((X¦Y) Z) if
    MAX-OBJ(Y x) and                  MIN-OBJ(Y x) and
    gr-obj(X x Z)                     kl-obj(X x Z)

gr-obj((X Y)(Z x)(X Y)) if        kl-obj((X Y)(Z x)(X Y)) if
    not LESS(X Z)                     not LESS(Z X) and

gr-obj((X Y)(Z x)(Z x)) if        kl-obj((X Y)(Z x)(Z x)) if
    LESS(X Z)                         LESS(Z X)
```

Lösung c):
Wir repräsentieren das Spiel der Abb.5 durch Definition der
Prädikate w-zug(X), s-zug(X), w-zielzustand(X), s-zielzustand(X)
und r-zielzustand(X). Alle diese Prädikate werden als
Prolog-Fakten eingegeben.

Anwendungsbeispiele:
which(Bewertung von x: x: minmax(A x))
J 1
K 0
usw. bis
C -1
A 1
Bewertung von A: 1

which(x: bester-w-zug(A x) ---> (A B)
which(x: bester-s-zug(C x) ---> (C I)

Anmerkung: Ein Versuch, das Minmax-Verfahren auf den
Anfangszustand des Spieles Tic-Tac-Toe anzuwenden, führt (trotz
Beschneidung des Baumes, vgl. 5.2.2.) zu Rechenzeiten, die eine
praktische Anwendung ausschließen.

5.3.2. Minimax-Verfahren mit heuristischer Bewertungsfunktion

Die in den vorhergehenden Unterkapiteln besprochenen Verfahren
zur Bestimmung von Gewinnzuständen, Gewinnstrategien und
optimalen Zügen haben kaum eine praktische Bedeutung, da die
meisten Spiele einen viel zu tiefen Spielbaum haben, um diesen
vollständig analysieren zu können. Um dennoch gute Züge
bestimmen zu können, benutzt man gegebenenfalls auf Grund der
Kenntnis der Spielregeln eine heuristische Bewertungsfunktion
h-funkt(X Y), die jedem Spielzustand X eine Zahl Y als
Bewertung zuordnet. Die Bewertung hat einen positiven Wert,
wenn der Zustand für den Spieler W als günstig eingeschätzt
wird, den Wert 0, wenn der Zustand ein Remie erwarten läßt und
einen negativen Wert, wenn der Zustand für den Spieler S als
vorteilhaft eingeschätzt wird. Ist der Zustand insbesondere ein
Gewinnzustand für W oder S, so ordnet man ihm einen positiven
bzw. negativen Wert zu, dessen Betrag höher als alle anderen
vorkommenden Beträge ist. Einem Remiezustand wird der Wert 0
zugeordnet.

Um zu einem Spielzustand X einen besten Zug zu bestimmen, geht
man wie folgt vor:
(1) Man legt eine natürliche Zahl T als **Suchtiefe** fest.
(2) Innerhalb des Teilbaums, der X als Wurzel hat, berechnet man
nach dem Minmax-Verfahren die Bewertungen der Spielzüge der
Tiefen T-1, T-2,...1, 0 aus den Funktionswerten der
heuristischen Funktion für die Spielzustände der Tiefe T.
(2) Ist W am Zug, so wird als bester Zug ein solcher ausgewählt,
der zu einem Zustand mit maximaler Bewertung führt, ist hingegen
S am Zug, so wird ein Zug gewählt, der zu einem Zustand mit
minimaler Bewertung führt.

Man beachte, daß die heuristische Funktion jeweils nur für
diejenigen Zustände benutzt wird, die in der Suchtiefe T des von
dem Zustand ausgehenden Teilbaumes liegen, und daß die
Bewertungen der Vorgänger-Zustände mit dem Minmax-Verfahren
berechnet werden. Deshalb muß das Verfahren für jeden Zug neu
durchgeführt werden.

Bei einer geeigneten Wahl der heuristischen Bewertungsfunktion
kann man davon ausgehen, daß die Zugwahl um so eher der
optimalen Zugwahl gemäß einer Gewinnstrategie entspricht, je
größer man die Suchtiefe T wählt. Das Verfahren entspricht in
dieser Hinsicht dem Vorgehen des guten menschlichen Spielers,
der ja ebenfalls bestrebt ist, die Spielzustände in möglichst
großer Tiefe des Spielbaums abzuschätzen, d.h. möglichst weit
"vorauszudenken".

Wir erläutern das Verfahren am Beispiel des Spiels Tic-Tac-Toe
(vgl.5.2). Bei diesem Spiel leuchtet es unmittelbar ein, daß die
Gewinnchancen für einen Spieler in einem bestimmten Spielzustand
um so besser sind, je größer die Differenz der Anzahlen der noch
möglichen eigenen Gewinnzustände und der noch möglichen
Gewinnzustände des Gegners ist. Es bietet sich deshalb eine
heuristische Funktion **h-funkt**(X Y) an, deren Wert Y für
einen Zustand X, der weder Zielzustand noch Remiezustand ist,
als Differenz der Anzahl der noch möglichen Zielzustände für W
und der Anzahl der noch möglichen Zielzustände für S berechnet
wird. Als Werte für die Zielzustände von W und S sind die Zahlen
9 bzw. -9 geeignet, denn diese Werte können von anderen
Zuständen nicht über- bzw. unterschritten werden. Die Anwendung
des Verfahrens mit der Suchtiefe 2 auf den
Zustand (o s s o w o w o o) zeigt Abb.6.

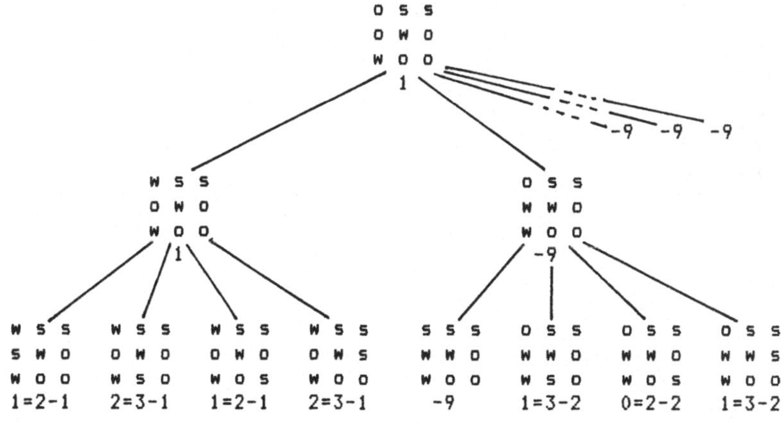

Abb.6

Aufgabe 2:

a) Definieren Sie gemäß der obigen Vereinbarung das Prädikat
h-funkt(X Y) für das Spiel Tic-Tac-Toe.
b) Definieren Sie auf Grund des in 5.3.1 angegegebenen
Minmax-Verfahrens das Prädikat **h-minmax**(X Y T), welches zu
einem Zustand X und einer Suchtiefe T gemäß dem oben
beschriebenen Verfahren unter Benutzung der heuristischen
Funktion h-funkt die Bewertung Y berechnet.
c) Definieren Sie die Prädikate **bester-w-zug**(X Y T) und
bester-s-zug(X Y T), wobei T wiederum die vorgegebene
Suchtiefe ist.
d) Wenden Sie das Minmax-Verfahren mit heuristischer Bewertung
auf das Spiel Tic-Tac-Toe an, indem Sie den Computer mit dem
jeweils besten Zug gegen sich selbst spielen lassen. Variieren
Sie die jeweilige Suchtiefe.

Lösung a):

Wir definieren das Prädikat **h-funkt**(X Y) mit Hilfe der
beiden Prädikate **hw**(X Y) und **hs**(X Y), welche zu einem
Zustand X die Anzahl Y der für W bzw. für S möglichen
Gewinnzustände berechnen.

```
h-funkt(X 9) if
    w-zielzustand(X) and /

h-funkt(X -9) if
    s-zielzustand(X) and /

h-funkt(X 0) if
    r-zielzustand(X) and /

h-funkt(X Y) if
    hw(X Z) and
    hs(X x) and
    DIF(Z x Y)
```

Zur Definition von **hw** und **hs** benutzen wir ein
Pr}dikat **subst-farbe**(X Y Z), welches zu gegebener Farbe X
(w oder s) und gegebenem Zustand Y einen fiktiven Zustand Z
ausgibt, bei dem alle noch unbesetzten Stellen mit w bzw. s
aufgef}llt sind, z.B:
which(x: subst-farbe(w (o s s w w o w s o) x))
(w s s w w w w s w)
which(x: subst-farbe(s (o s s w w o w s o) x))
(s s s w w s w s s)

F}r einen so "aufgef}llten" Zustand k¦nnen wir nun mit Hilfe
der schon definierten Pr}dikate w-zielzustand und
s-zielzustand die gesuchten Anzahlen bestimmen.

```
hw(X Y) if
      subst-farbe(w X Z) and
      x isall(y: w-zielzustand(Z)) and
      LENGTH(x Y)

hs(X Y) if
      subst-farbe(s X Z) and
      x isall(y: s-zielzustand(Z)) and
      LENGTH(x Y)

subst-farbe(X ()())

subst-farbe(X (o¦Y) (X¦Z)) if
      subst-farbe(X Y Z)

subst-farbe(X (Y¦Z) (Y¦x)) if
      not EQ(Y o) and
      subst-farbe(X Z x)
```

Lösung b):
Wir ändern die Definition für das Prädikat minmax(X Y) aus 5.3.1
zu dem Prädikat h-minmax(X Y T) so ab, daß sie dem oben
beschriebenen Minmax-Verfahren mit heuristischer
Bewertungsfunktion entspricht und insbesondere die vorgewählte
Suchtiefe T berücksichtigt:

```
h-minmax(X 9 Y) if
      w-zielzustand(X) and /

h-minmax(X 0 Y) if
      r-zielzustand(X) and /
```

```
h-minmax(X -9 Y) if
     s-zielzustand(X) and /

h-minmax(X Y 0) if
     h-funkt(X Y)

h-minmax(X Y T) if
     not EQ(T 0) and
     w-zustand(X) and
     DIF(T 1 T1) and
     Z isall(x : w-zug(X y) and h-minmax(y x T1)) and
     MAX(Z Y) and
     (T T1)vars

h-minmax(X Y T) if
     not EQ(T 0) and
     s-zustand(X) and
     DIF(T 1 T1) and
     Z isall(x : s-zug(X y) and h-minmax(y x T1)) and
     MIN(Z Y) and
     (T T1)vars
```

Lösung c):

In 5.3.1 haben wir bereits die Prädikate **bester-w-zug**(X Y)
und **bester-s-zug**(X Y) definiert. Zur Berücksichtigung der
Suchtiefe T ändern wir sie wie folgt ab:

```
bester-w-zug(X Y T) if
     DIF(T 1 T1) and
     Z isall((wert zust): w-zug(X zust)
             and h-minmax(zust wert T1)) and
     MAX-OBJ(Z (x Y)) and
     (T T1 zust wert)vars

bester-s-zug(X Y T) if
     DIF(T 1 T1) and
     Z isall((wert zust): s-zug(X zust)
             and h-minmax(zust wert T1)) and
     MIN-OBJ(Z (x Y)) and
     (T T1 zust wert)vars
```

Lösung d):

Wir ändern die in 5.1.3 definierten und in 5.1.5
verallgemeinerten Prädikate **w-spiel**(X T) und **s-spiel**(X T)
so ab, daß sie die Suchtiefe T berücksichtigen:

```
w-spiel(X T) if                 s-spiel(X T) if
     s-zielzustand(X) and            w-zielzustand(X) and
     PP(S hat gewonnen) and          PP(W hat gewonnen) and
     (T)vars                         (T)vars
```

```
w-spiel(X T) if                 s-spiel(X T) if
    r-zielzustand(X) and            r-zielzustand(X) and
    PP(remie) and                   PP(remie) and
    (T)vars                         (T)vars

w-spiel(X T) if                 s-spiel(X T) if
    bester-w-zug(X Y T) and         bester-s-zug(X Y T) and
    PP(W: X nach Y) and             PP(S: X nach Y) and
    s-spiel(Y T) and                w-spiel(Y T) and
    (T)vars                         (T)vars
```

Die folgenden beiden Beispiele zeigen ein Spiel des Computers
gegen sich selber, wobei von der Beschneidung des Spielbaums
durch Berücksichtigung von Symmetrien (vgl. 5.2.2) Gebrauch
gemacht wird. Wie man sieht, spielt W bei der Suchtiefe zwei
noch zu schlecht, um einen Sieg zu erzwingen. Das gelingt erst
bei der Suchtiefe 3. (Der Anfangszustand ist ein
W-Gewinnzustand.)

```
is(w-spiel((o o o o o o o o o) 2))
W: (o o o o o o o o o) nach (o o o o w o o o o)
S: (o o o o w o o o o) nach (s o o o w o o o o)
W: (s o o o w o o o o) nach (s o o o w o o o w)
S: (s o o o w o o o w) nach (s o o o w o o s w)
W: (s o o o w o o s w) nach (s o o o w o w s w)
S: (s o o o w o w s w) nach (s o s o w o w s w)
W: (s o s o w o w s w) nach (s w s o w o w s w)
S: (s w s o w o w s w) nach (s w s s w o w s w)
W: (s w s s w o w s w) nach (s w s s w w w s w)
Remie

is (w-spiel((o o o o o o o o o) 3))
W: (o o o o o o o o o) nach (o o o o w o o o o)
S: (o o o o w o o o o) nach (o o o s w o o o o)
W: (o o o s w o o o o) nach (o o w s w o o o o)
S: (o o w s w o o o o) nach (o o w s w o s o o)
W: (o o w s w o s o o) nach (w o w s w o s o o)
S: (w o w s w o s o o) nach (w o w s w o s o s)
W: (w o w s w o s o s) nach (w w w s w o s o s)
W hat gewonnen
```

6.Problemlösen durch Zerlegen in Teilprobleme

6.1. Repräsentation des Problems durch einen UND-ODER-Baum

Gesucht sei ein Computerprogramm, welches
geometrische Berechnungsaufgaben der folgenden
Art löst:
Gegeben ist ein Trapez T, welches in drei
Dreiecke A, B und C zerlegt ist. Das aus A
und B bestehende Dreieck sei D. Von den
insgesamt neun Größen A, B, C, D, T, a, b,
c, d und e seien die drei Längen a, b und c,
sowie der Flächeninhalt A gegeben.
Der Flächeninhalt T des Trapezes sei gesucht.
(Hier und im folgenden unterscheiden wir nicht zwischen dem
Namen einer Figur und dem Namen ihrer Größe.)

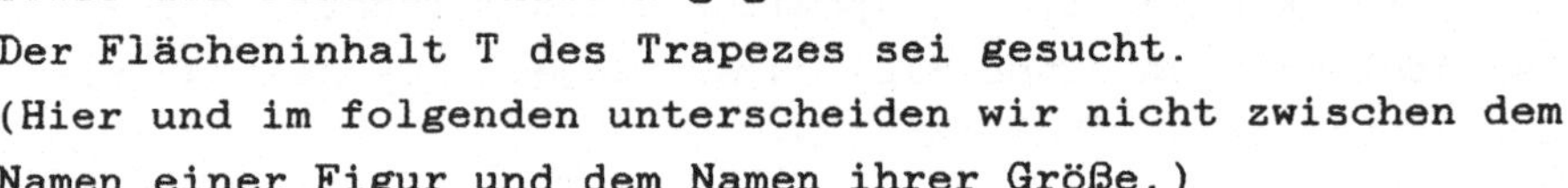

Durch **Vorwärtsverketten** findet man eine Lösung wie folgt:
Man geht von den gegebenen Größen aus und versucht, mit ihrer
Hilfe möglichst viele weitere Größen zu berechnen, bis man die
gesuchte Größe aus den gegebenen und inzwischen berechneten
Größen berechnen kann. Eine von mehreren Lösungen ist die
folgende:

Neu berechnet	bekannt
d = 2 * A : c	a, b, c, A, d
e = b + d	a, b, c, A, d, e
D = 0.5 * e * c	a, b, c, A, d, e, D
B = D - A	a, b, c, A, d, e, D, B
C = 0.5 * a * e	a, b, c, A, d, e, D, B, C
T = A + B + C	a, b, c, A, d, e, D, B, C, T

Um das unkontrollierte Berechnen von irrelevanten Größen zu
verhindern, empfiehlt sich für eine Computerlösung die Technik
des **Rückwärtsverkettens**. Man geht von der zu berechnenden

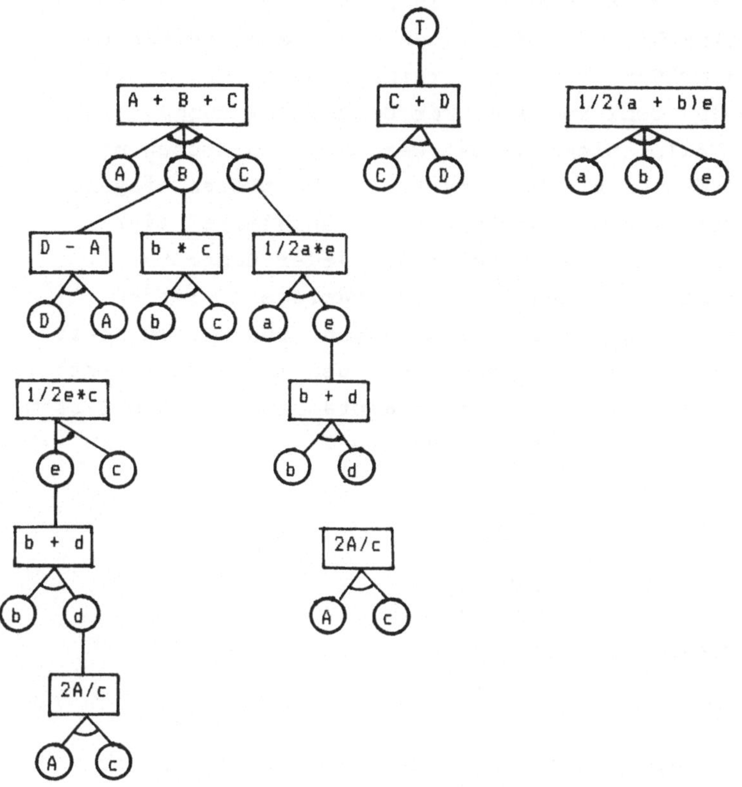

Abb.1

Die gesuchte Größe T kann alternativ auf drei Weisen berechnet
werden:

(1) T = A + B + C führt, da A gegeben ist, auf die beiden
Teilprobleme der Berechnung von B und C.

(2) T = C + D führt auf die beiden Teilprobleme der Berechnung
von C und D.

(3) T = 1/2 * (a + c) * e reduziert das Problem auf das neue
Teilproblem der Berechnung von e.

Man nennt den Baum in Abb.1 einen **UND-ODER**-Baum, die
rechteckig gerahmten Knoten heißen **ODER**-Knoten, die rund
gerahmten Knoten **UND**-Knoten.

Jeder UND-Knoten repräsentiert ein **Ziel**, jeder ODER-Knoten
eine **Information** über das Erreichen des Ziels. UND-Knoten,
die denselben ODER-Knoten als Vorgänger besitzen, repräsentieren
Teilprobleme des ODER-Knotens. Zur Lösung der Aufgabe muß
jedes dieser Teilprobleme gelöst werden. ODER-Knoten mit
demselben UND-Knoten als Vorgänger repräsentieren hingegen
alternative Lösungsmöglichkeiten. Die "Bausteine" eines
UND-ODER-Baumes sind die **Konnektoren**. Jeder Konnektor
besteht aus einem das jeweilige Ziel repräsentierenden
UND-Knoten, einem zu dem Ziel gehörenden ODER-Knoten sowie
dessen Nachfolgerknoten, welche die neuen Ziele repräsentieren.
Beispiele für Konnektoren und ihre Repräsentation als Listen der
Gestalt (ziel info¦neuziele) zeigt Abb.2.

Abb.2

Bezüglich der geometrischen Konfiguration in unserer
Beispielaufgabe gehören zu der Größe D die Konnektoren:
(D (T - C) T C)
(D (A + B) A B)
(D (1/2 * e * c) e c)

Zur **Entwicklung** des Knotens D im UND-ODER-Baum von Abb.1 ist
jedoch nur der letzte der drei Konnektoren **zulässig**, da die
ersten beiden zu einer unzulässigen Schleifenbildung führen
würden. Generell ist ein Konnektor genau dann zulässig, falls
keiner der Nachfolgerknoten zu den Vorfahren des Elternknotens
gehört. Für den eigentlichen Problemlöseprozess kann man von der
durch die ODER-Knoten vermittelte Information abstrahieren. Den
(vollständigen) UND-ODER-Baum unseres Beispiels können wir dann
in der verkürzten Weise der Abb.3 darstellen.

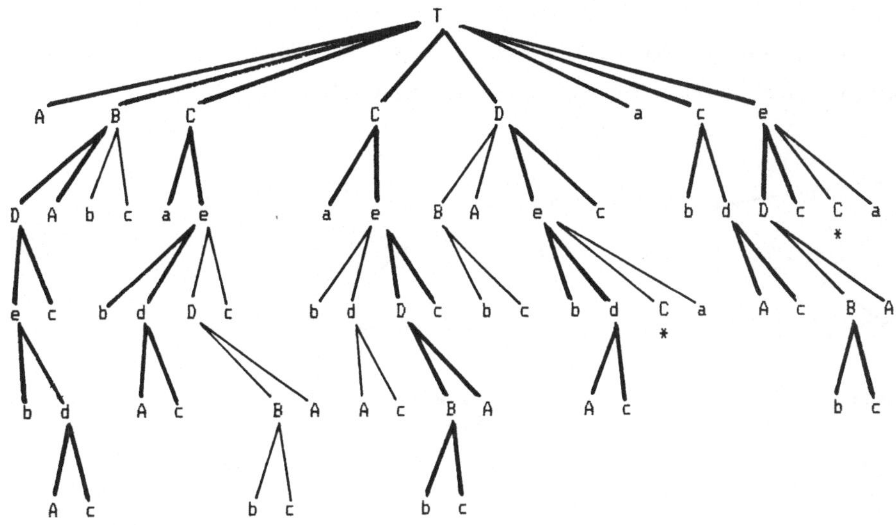

Abb.3

Die **Wurzel** des (von oben nach unten wachsenden) Baumes
repräsentiert das **Ziel** der Aufgabe, in unserem Beispiel den
Flächeninhalt T des Trapezes. Alle anderen Knoten, die keine
Endknoten (Blätter des Baumes) sind, repräsentieren
Unterziele, die durch **Problemzerlegung** entstanden sind.
Jeder Endknoten repräsentiert entweder eine **Voraussetzung**
der Aufgabe (in unserem Beispiel eine gegebene Größe) oder ein
unlösbares Unterziel (in Abb.3 durch * markiert).

Mit Hilfe des Begriffes **lösbarer** Knoten können wir definieren,
was wir unter einer **Lösung** des Problems verstehen. Ein
Knoten eines UND-ODER-Baumes heißt **lösbar**, falls er entweder
eine Voraussetzung der Aufgabe repräsentiert, oder wenigstens
einen Konnektor besitzt, dessen Nachfolgerknoten alle lösbar
sind. Anderenfalls heißt der Knoten **unlösbar**. Ein Teilbaum
des UND-ODER-Baumes heißt **Lösung** der Aufgabe, falls alle
seine Knoten lösbare Knoten sind und jeder Knoten, der kein
Endknoten ist, genau einen Konnektor besitzt. Der UND-ODER-Baum
in Abb.3 besitzt insgesamt zehn Lösungen, drei von ihnen sind in
Abb.3 durch verstärkte Linien kenntlich gemacht.

6.2. Geometrischer Berechnungsaufgaben

Ein Computerprogramm soll geometrische Berechnungsaufgaben der
folgenden Art durch Rückwärtsverketten lösen:

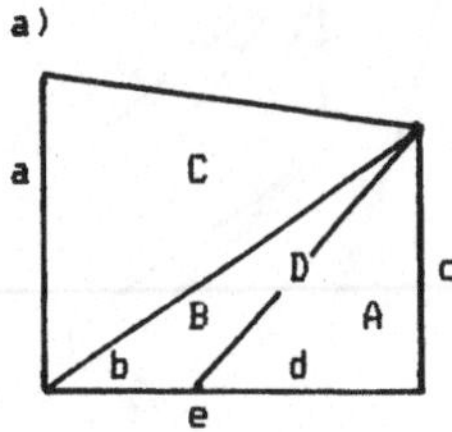

gegeben: a, b, c und A   gegeben: a, b, A und B
gesucht: Trapezfläche T   gesucht: F

Abb.4

Als Beispiel wählen wir im folgenden die uns schon aus 6.1.
bekannte Aufgabe a).

6.2.1. Zugelassene Regeln und Konnektoren
Zur Problemlösung seien die folgenden Formeln zugelassen:

R = a * b   Flächeninhalt eines Rechtecks R
                                mit den beiden Seiten a und b

T = 0.5 * (a + b) * h   Flächeninhalt eines Trapezes T
                                mit den parallelen Seiten
                                a und b und der Höhe h

D = 0.5 * g * h   Flächeninhalt eines Dreiecks D
                                mit der Seite g und der
                                zugehörigen Höhe h

a = b + c   Länge einer Strecke a, die in zwei
                                Teilstrecken b und c zerlegt ist

(a) Die erste Regel samt ihren beiden Umkehrungen
repräsentieren wir durch die folgenden drei PROLOG-Klausen zu
der (in Infixnotation geschriebenen) Relation **gl**::

```
R gl (a * b) if
    re-fl((R a b)) and (R a b)vars

a gl (R : b) if
    re-fl((R a b)) and (R a b)vars

b gl (R : a) if
    re-fl((R a b)) and (R a b)vars
```

Hier liefert das noch zu definierende Prädikat **re-fl**((R a b))
die **Anwendungssituationen** für die Flächeninhaltsformel des
Rechtecks. Es ist genau dann erfüllt, falls a und b die beiden
Seiten eines Rechtecks R sind.
(b) Für den Flächeninhalt des Trapezes erhalten wir:

```
T gl (0.5 * (a + b) * h) if
    tr-fl((T a b h)) and (T a b h)vars

a gl ((2 * T) : h - b) if
    tr-fl((T a b h)) and (T a b h)vars

b gl ((2 * T) : h - a) if
    tr-fl((T a b h)) and (T a b h)vars

h gl (2 * T : (a + b)) if
    tr-fl((T a b h)) and (T a b h)vars
```

Das Prädikat **tr-fl**((T a b h)) liefert die Anwendungen für
die Trapezformel. Es ist genau dann erfüllt, falls a und b die
beiden parallelen Seiten und h die Höhe in einem Trapez T sind.
Auf unsere Beispielaufgabe angewendet:
all(x: tr-fl(x)) ---> (T a c e)
(c) Für den Flächeninhalt des Dreiecks erhalten wir:

```
D gl (0.5 * g * h) if
    dr-fl((D g h)) and (D g h)vars
```

```
g gl (2 * D : h) if
     dr-fl((D g h)) and (D g h)vars

h gl (2 * D : g) if
     dr-fl((D g h)) and (D g h)vars
```

Das Prädikat **dr-fl((D g h))** ist genau dann erfüllt, falls g
und h Grundseite bzw. Höhe in einem Dreieck D sind.

all(x: dr-fl(x)) ---> (A d c), (B b c), (C a e), (D e c)

(d) Für die Streckenzerlegung erhalten wir:

```
a gl (b + c) if
     str-zerl((a b c)) and (a b c)vars

b gl (a - c) if
     str-zerl((a b c)) and (a b c)vars

c gl (a - b) if
     str-zerl((a b c)) and (a b c)vars
```

Das Prädikat **str-zerl((a b c))** ist genau dann erfüllt, falls
die Strecke a in zwei Teilstrecken b und c zerlegt ist. Auf
unsere Beispielaufgabe angewendet:

all(x: str-zerl(x)) ---> (e b d)

(e) Die Definition für die Flächenzerlegung ist aufwendiger,
da mehr als zwei Teilflächen zugelassen sind.

```
F gl sum if
     fl-zerl((F¦liste)) and
     sumterm(liste sum) and
     (F sum liste)vars

X gl dif if
     fl-zerl((F¦liste)) and
     ON(X liste) and
     DELETE(X liste Y) and
     difterm((F¦Y) dif) and
     (F dif liste)vars
```

Das Prädikat **fl-zerl((F A1 A2 ...Ak))** ist genau dann
erfüllt, falls die Fläche F in die Teilflächen A1, A2,...Ak
zerlegt ist. Auf unsere Beispielaufgabe angewendet:

all(x: fl-zerl(x)) ---> (R A B C), (T C D), (D B A)

Die erste der beiden obigen Klausen liefert mit Hilfe einer

Gleichung F gl (A1 + A2 +...+ Ak). Die zweite Klause wählt eine
der Teilflächen Ai aus der Liste (A1 A2...Ak) aus und liefert
mit Hilfe der Prozedur **difterm**(liste dif) die Gleichung
Ai gl (F - A1 -...- Ai-1 - Ai+1...- Ak).

```
   sumterm((X Y) (X + Y))

   sumterm((X¦Y) (X +¦Z)) if
        sumterm(Y Z)

   difterm((X Y) (X - Y))

   difterm((X¦Y) (X -¦Z)) if
        difterm(Y Z)
```

Der Aufruf "all(X = Y: X gl Y) liefert für unsere
Beispielaufgabe alle möglichen Anwendungen der zugelassenen
Formeln. Jeder der Gleichungen entspricht genau ein Konnektor:

```
Gleichung                       Konnektor
----------------------------------------------------
T = (A + B + C)                 (T (A + B + C) A B C)
T = (C + D)                     (T (C + D) C D)
D = (B + A)                     (D (B + A) B A)
usw., bis
c = ((2 * T) : e - a)           (c ((2 * T) : e - a) T e a)
e = (2 * T : (a + c))           (e (2 * T : (a + c)) T a c)
```

Die Reihenfolge der Konnektoren hängt von der Reihenfolge der
Klausen zu dem Prädikat **gl** ab. Mit Hilfe einer Prozedur
kon(ziel konnektor) werden die Konnektoren aus den
Gleichungen gewonnen:

```
   kon(ziel (ziel term¦nziele)) if
        gl(ziel term) and
        reduz(term nziele) and
        (ziel term)vars

   reduz(() ())

   reduz((X¦Y) Z) if
        LST(X) and
        reduz(X x) and
        reduz(Y y) and
        APPEND(x y Z) and /
```

```
reduz((X¦Y) Z) if
     (either opz(X) or NUM(X)) and
     reduz(Y Z) and /

reduz((X¦Y) (X¦Z)) if
     reduz(Y Z)

opz(X) if
     ON(X (+ - * :)
```

Hier leistet das Prädikat **reduz**(term nziele) mit Hilfe von
opz die erforderliche Abstraktion vom Term zur Liste der
Neuziele, z.B.:

which(x: reduz((0.5 * (a + c) * e) x) ---> (a c e)

6.2.2. Repräsentation der Figur

Es fehlt noch die Definition der Prädikate **re-fl**, **tr-fl**,
dr-fl, **str-zerl** und **fl-zerl**, welche uns die
Anwendungssituationen der zugelassenen Formeln für die
jeweilige Aufgabe liefern (s.o.). Die Definition dieser
Prädikate hängt davon ab, wie wir die geometrischen
Konfigurationen der Aufgaben repräsentieren. Eine einfache
Lösung besteht darin, die Figur zu einer Aufgabe durch die
Gesamtheit der in Frage kommenden Anwendungssituationen zu
repräsentieren. Die letzteren werden dann als Fakten der
Prädikate re-fl, tr-fl, dr-fl, str-zerl und fl-zerl
repräsentiert. Die Repräsentation unserer Beispielaufgabe zeigt
Abb.5:

```
tr-fl  ((T a c e))
dr-fl  ((A d c))
dr-fl  ((B b c))
dr-fl  ((C a e))
dr-fl  ((D e c))
str-zerl  ((e b d))
fl-zerl  ((T A B C))
fl-zerl  ((T C D))
fl-zerl  ((D B A))
```

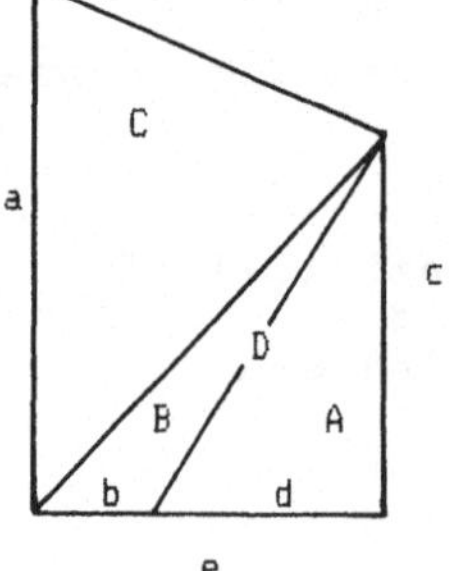

6.3. Lösungsfindung durch Tiefensuche

6.3.1. Ein einfaches rekursives Verfahren zur Lösungsfindung

Gesucht ist ein Verfahren, welches zu einem gegebenen
UND-ODER-Baum wenigstens eine **Lösung** findet, falls eine
solche existiert, d.h. einen Teilbaum, dessen Knoten alle
lösbare Knoten sind, und bei dem jeder Knoten, der kein
Endknoten ist, Zielknoten von genau einem Konnektor ist
(vgl.6.1.1). Wie wir sehen werden, genügt es, rekursiv ein
Prädikat **loesbar**(ziel) zu definieren, mit dem wir für einen
beliebigen als Ziel gewählten Knoten nachweisen, daß er
bezüglich der gegebenen Knoten lösbar ist. Durch Einfügen eines
geeigneten Druckbefehls erreichen wir sodann als willkommenen
Nebeneffekt, daß eine Lösung der Aufgabe als Sequenz von
Konnektoren ausgedruckt wird.

Die gesuchte PROLOG-Definition des Prädikates **loesbar**
basiert auf der in 6.1 gegebenen rekursiven Definition: Ein
Knoten eines UND-ODER-Baumes heißt **lösbar**, falls er entweder
ein **gegebener** Knoten ist oder wenigstens einen Konnektor
besitzt, dessen Nachfolgerknoten alle **lösbare** Knoten sind.
Die **gegebenen** Knoten eines UND-ODER-Baumes sind Endknoten,
die bei Berechnungsaufgaben die gegebenen Größen und bei
Beweisaufgaben die Voraussetzungen repräsentieren.

Aufgabe 1:
Ein UND-ODER-Baum sei definiert
- durch ein zu lösendes **Ziel** (Wurzel des Baumes),
- durch Fakten zum Prädikat **gegeben**(knoten) und
- durch ein Prädikat **kon**(ziel konnektor), das zu jedem
  Unterziel die zugehörigen Konnektoren generiert.
a) Definieren Sie rekursiv ein Prädikat **loesbar**(ziel),
welches prüft, ob der Zielknoten ein loesbarer Knoten ist.
b) Fügen Sie in die Definition eine für Berechnungsaufgaben
geeignete Druckanweisung ein, welche die gefundene Lösung der
Aufgabe als Sequenz von Lösungsschritten ausdruckt.

Lösung von a):

Die Übersetzung der obigen Definition von **lösbar** führt zu
der folgenden PROLOG-Definition:

```
loesbar(ziel) if
     gegeben(ziel) and
     (ziel)vars

loesbar(ziel) if
     kon(ziel (ziel term|neuziele)) and
     (forall ON (X neuziele) then loesbar(X)) and
     (ziel term neuziele)vars
```

Diese Definition hat jedoch noch den fatalen Mangel, daß sie
unzulässige, d.h. zur Schleifenbildung führende Konnektoren
nicht verhindert. Um diesen Mangel zu beheben, müssen wir die
Spur des jeweiligen Zielknotens kennen und sicher stellen,
daß keiner der Nachfolgerknoten zur Spur gehört. Unter der
Spur eines Zielknotens verstehen wir die Menge aller seiner
Vorfahrenknoten. Wir repräsentieren sie als Liste, deren erstes
Element der Elternknoten des Zielknotens und deren letztes
Element die Wurzel des Baumes ist. Wir ersetzen nun das obige
Prädikat **loesbar**(ziel) durch ein zweistelliges Hilfsprädikat
loesb(ziel spur), welches genau dann erfüllt ist, wenn der
jeweilige Zielknoten bezüglich seiner Spur lösbar ist. Zugleich
ersetzen wir in der zweiten Klause das zweistellige Prädikat
kon(ziel (ziel term|neuziele)) durch ein dreistelliges
Prädikat **konnektor**(ziel spur (ziel term|neuziele)),
welches mit Hilfe von **kon** definiert ist und zu gegebenem
Ziel und zugehöriger Spur die **zulässigen** Konnektoren
liefert. Schließlich definieren wir die Prozedur **loesbar**(ziel)
nunmehr als Hauptprozedur, welche die Hilfsprozedur **loesb**
aufruft.

```
loesbar(ziel) if
     loesb(ziel ()) and
     (ziel)vars
```

```
loesb(ziel spur) if
      gegeben(ziel) and
      (ziel spur)vars

loesb(ziel spur) if
      konnektor(ziel spur (ziel term¦neuziele)) and
      (forall ON(X neuziele) then loesb(X (ziel¦spur))) and
      (ziel spur term neuziele)vars

konnektor(ziel spur (ziel term¦neuziele)) if
      kon(ziel (ziel term¦neuziele)) and
      FREMD(spur neuziele) and
      (ziel spur term neuziele)vars
```

In der zweiten Klause von **loesb** wird die Spur der
Nachfolgerknoten von **ziel** aus der Spur von **ziel** durch
Vornanfügen von **ziel** gebildet. Da ferner zur Wurzel des Baumes
eine leere Spur gehört, wird die Hilfsprozedur **loesb** von der
Hauptprozedur **loesbar** mit einer leeren Spur aufgerufen.

Lösung b):
Unter Beachtung, daß bei Berechnungsaufgaben der Info-Teil eines
Konnektors der jeweilige zu berechnende Term ist, fügen wir in
die beiden Klausen von **loesb** Druckbefehle ein, welche den
Lösungsprozess verdeutlichen und die Lösung der Aufgabe
ausdrucken:

```
loesb(ziel spur) if
      gegeben(ziel) and
      PP(ziel gegeben) and
      (ziel spur)vars

loesb(ziel spur) if
      konnektor(ziel spur (ziel term¦neuziele)) and
      PP(ziel loesbar aus neuziele ?) and
      (forall ON(X neuziele) then loesb(X (ziel¦spur))) and
      PP(*** ziel = term) and
      (ziel spur term neuziele)vars
```

Abb.6 zeigt den Aufruf für unsere Beispielaufgabe aus 6.2:

```
is(loesbar(T)

T loesbar aus (A B C)?

A gegeben

B loesbar aus (D A)?

D loesbar aus (e c)?

e loesbar aus (b d)?

b gegeben

d loesbar aus (A c)?

A gegeben

c gegeben

*** d = (2 * A : c)

*** e = (b + d)

c gegeben

*** D = (0.5 * e * c)

A gegeben

*** B = (D - A)

C loesbar aus (a e)?

a gegeben

e loesbar aus (b d)?

b gegeben

d loesbar aus (A c)?

A gegeben

c gegeben

*** d = (2 * A : c)

*** e = (b + d)

*** C = (0.5 * a * e)

*** T = (A + B + C)

YES
```

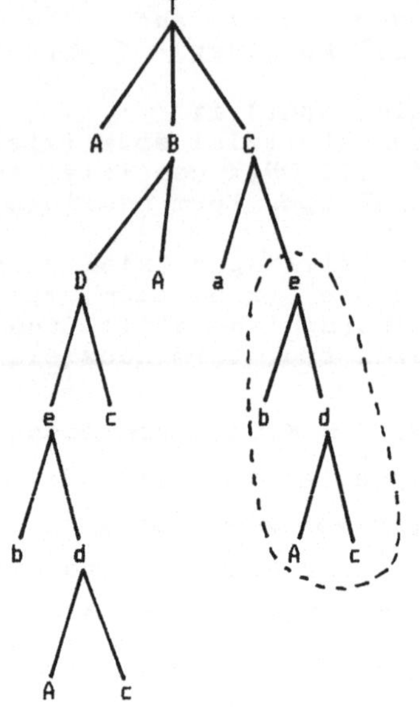

Abb.6

Die durch "***" markierten Zeilen repräsentieren diejenige
Lösung der Aufgabe, die als erste gefunden wird, und die
nebenstehend als Lösungsbaum dargestellt ist. Man beachte, daß
das ausgedruckte Protokoll von einem menschlichen Problemlöser

stammen könnte, der die Aufgabe nach einer konsequent
durchgeführten Strategie des Rückwärtsverkettens löst.
Allerdings würde dieser die Größen d und e nur einmal
berechnen, d.h. er würde den durch eine geschlossene Linie
markierten Ast des Baumes "abschneiden". Wir versuchen, dasselbe
für das Computerprogramm zu erreichen.

6.3.2. Vermeidung mehrfacher Lösung desselben Knotens

Wir nennen einen Knoten **geloest**, falls er entweder ein
gegebener Knoten ist oder während des Lösungsprozesses als
loesbar nachgewiesen wurde. Zu Beginn sind somit nur die
gegebenen Knoten gelöste Knoten. Während des Prozesses
kommen dann die als lösbar nachgewiesenen Knoten zur Menge der
gelösten Knoten hinzu. Wir können die letzteren als Fakten eines
Prädikates **gel** der Datenbasis hinzufügen und auf diese Weise
verhindern, daß ein bereits als gelöst nachgewiesenes Ziel (an
anderer Stelle des Baumes) noch einmal gelöst wird.

Aufgabe 2:
Ändern Sie das Programm von Aufgabe 1 so ab, daß die mehrfache
Lösung desselben Ziels verhindert wird.

Lösung:
Wir erreichen das Gewünschte durch Einführung eines Prädikates
gel(X). Sobald während des Prozesses ein Knoten X als
loesbar nachgewiesen worden ist, wird "gel(X)" als Faktum der
Datenbasis hinzugefügt. Die Bedingung "gegeben(ziel)" in der
ersten Klause von loesb ersetzen wir durch "geloest(ziel)",
wobei das Prädikat **geloest** genau dann auf **ziel** zutrifft,
falls entweder **gegeben**(ziel) oder **gel**(ziel) erfüllt ist:

```
geloest(X) if
     gegeben(X)

geloest(X) if
     DEF(gel) and
     gel(X)
```

```
loesbar(ziel) if
     KILL(gel) and
     loesb(ziel ()) and
     (ziel) vars

loesb(ziel spur) if
     geloest(ziel) and
     PP(ziel geloest) and
     (ziel spur)vars

loesb(ziel spur) if
     konnektor(ziel spur (ziel term¦neuziele))
     PP(ziel loesbar aus neuziele ?) and
     (forall ON(X neuziele) then loesb(X (ziel¦spur))) and
     PP(*** ziel = term) and
     (gel(ziel))add and
     (ziel spur term neuziele)vars

konnektor(ziel spur (ziel term¦neuziele)) if
     kon((ziel (ziel term¦neuziele)) and
     FREMD(spur neuziele) and
     (ziel spur term neuziele)vars
```

Abb.7 zeigt die reduzierte Lösung unserer Beispielaufgabe.

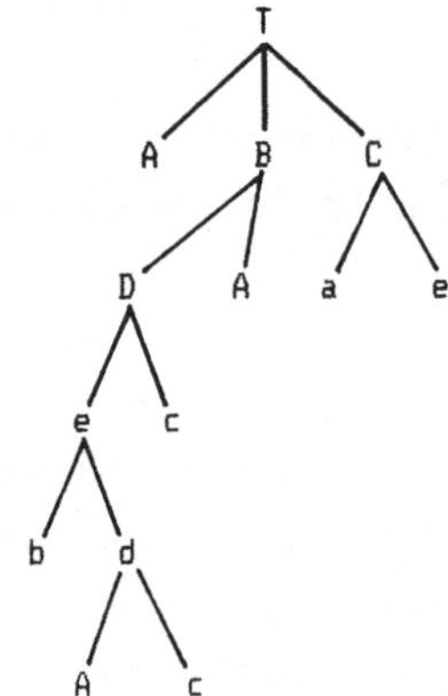

```
is(loesbar(T)
T loesbar aus (A B C)?
A geloest
B loesbar aus (D A)?
D loesbar aus (e c)?
e loesbar aus (b d)?
b geloest
d loesbar aus (A c)?
A geloest
c geloest
*** d = (2 * A : c)
*** e = (b + d)
c geloest
*** D = (0.5 * e * c)
A geloest
*** B = (D - A)
C loesbar aus (a e)?
a geloest
e geloest
*** C = (0.5 * a * e)
*** T = (A + B + C)
YES
```

Abb.7

6.4 Numerische Lösung eines Berechnungsproblems

Das in 6.3.2 angegebene Programm liefert uns nur die
allgemeine Lösung einer Berechnungsaufgabe. Seien nun
numerische Werte für unsere Beispielaufgabe gegeben, z.B.:
a = 7, b = 2, c = 5 und A = 15. Zur Berechnung des Wertes der
gesuchten Größe T müssen wir das Programm so abändern, daß neben
der allgemeinen Lösung auch die numerischen Werte berechnet
werden:

```
allgemeine Lösung          numerische Werte
-------------------------------------------
d = (2 * A : c)            6
e = (b + d)                8
D = (0.5 * e * c)          20
B = (D - A)                5
C = (0.5 * a * e)          28
T = (A + B + C)            48
```

Aufgabe:
Ändern Sie die Prozedur loesbar(ziel) aus 6.3.2 ab zu einer
Prozedur **loesung**(ziel X), die den numerischen Wert X von
ziel berechnet.

Lösung:
Zunächst müssen wir für jede Aufgabe der Aufgabenklasse die
numerischen Werte der gegebenen Größen eingeben. Dazu ändern wir
das Prädikat gegeben(X) zu einem zweistelligen Prädikat
gegeben(X Y) ab, welches zu jeder Größe X den numerischen
Wert Y liefert. Für unsere Beispielaufgabe:

```
gegeben(a 7)
gegeben(b 2)
gegeben(c 5)
gegeben(A 15)
```

Entsprechend werden auch die Prädikate **gel** und **geloest**
zu zweistelligen Prädikaten. Ferner ergänzen wir die zweite
Klause von **loesb** durch eine Bedingung **termwert**(term X),
die zu **term** den Termwert X berechnet. Schließlich ändern wir
die aufrufende Prozedur loesbar(ziel) in naheliegender Weise ab
zu der Prozedur **loesung**(ziel X).

```
geloest(X Y) if
     gegeben(X Y)

geloest(X Y) if
     DEF(gel) and
     gel(X Y)

loesung(ziel X) if
     KILL(gel) and
     loesb(ziel ()) and
     gel(ziel X) and
     (ziel) vars

loesb(ziel spur) if
     geloest(ziel X) and
     (ziel spur)vars

loesb(ziel spur) if
     konnektor(ziel spur (ziel term¦neuziele)) and
     (forall ON(X neuziele) then loesb(X (ziel¦spur))) and
     termwert(term X) and
     PP(*** ziel = term = X) and
     (gel(ziel X))add and
     (ziel spur term neuziele)vars

konnektor(ziel spur (ziel term¦neuziele)) if
     kon((ziel (ziel term¦neuziele)) and
     FREMD(spur neuziele) and
     (ziel spur term neuziele)vars
```

Zur Definition des Prädikates **termwert**(X Y) benötigen wir
zwei Prozeduren **subst-var**(X Z) und **berechne**(Z Y). Die
erstere ersetzt die Variablen des Terms durch numerische Werte,
die letztere berechnet sodann den Termwert Y, z.B.:
which(x: subst-var((2 * A : c) x)   ---> (2 * 15 : 5)
which(x: berechne ((2 * 15 : 5) x) ---> (6)

Die folgenden Definitionen leisten das Gewünschte:

```
termwert(X Y) if
     subst-var(X Z) and
     berechne ! (Z (Y)) and
     (T)vars

subst-var(X X) if
     (either NUM(X) or opz(X))

subst-var(X Y) if
     geloest(X Y)

subst-var(() ())

subst-var((X¦Y) (Z¦x)) if
     subst-var(X Z) and
     subst-var(Y x)
```

Die Definition für die Prozedur **berechne** übernehmen wir aus
3.5.3 (wobei die erste Klause von **prod** nicht benötigt wird).


```
berechne(X X) if
     zielterm(X)

berechne(X Y) if
     NOT zielterm(X) and
     prod(X Z) and
     berechne(Z Y)

zielterm((X)) if
     NUM(X)

prod(X Y) if
     APPEND(Z (x * y¦z) X) and
     NUM(x) and
     NUM(y) and
     TIMES(x y X1) and
     APPEND(Z (X1¦z) Y)

prod(X Y) if
     APPEND(Z (x : y¦z) X) and
     NUM(x) and
     NUM(y) and
     TIMES(y X1 x) and
     APPEND(Z (X1¦z) Y)
```

```
prod((X + Y¦Z) (x¦Z)) if
     not ON(* Z) and
     not ON(: Z) and
     NUM(X) and
     NUM(Y) and
     SUM(X Y x)

prod((X - Y¦Z) (x¦Z)) if
     not ON(* Z) and
     not ON(: Z) and
     NUM(X) and
     NUM(Y) and
     SUM(Y x X)
```

Mit den abgeänderten Druckbefehlen erhalten wir:

```
which(x: loesung(T x))
*** d = (2 * A : c) = 6
*** e = (b + d) = 8
*** D = (0.5 * e * c) = 20
*** B = (D - A) = 5
*** C = (0.5 * a * e) = 28
*** T = (A + B + C) = 48
```

Eine andere Möglichkeit zur numerischen Lösung von Berechnungsaufgaben besteht darin, die allgemeine Lösung zu speichern und durch Termsubstitution eine **Formel** für die gesuchte Größe zu generieren, in die dann jeweils die gegebenen numerischen Werte eingesetzt werden. Das ist natürlich dann rationeller, wenn zu derselben allgemeinen Aufgabe die numerischen Werte variiert werden. Die Lösung sei dem Leser überlassen.

6.5. Bestimmung aller Lösungen eines UND-ODER-Baumes
Wir fragen jetzt nach einer Prozedur **loesungsbaum**(ziel X),
die in einem Tiefensuchverfahren den UND-ODER-Baum vollständig
absucht und **alle** Lösungen als Werte von X liefert. Dabei
beachten wir, daß jede Lösung als eine Liste von Konnektoren
repräsentiert werden kann. Für die in Abb.6 durch einen Baum
repräsentierte Lösung gilt z.B.:

```
((d (2 * A : c) A c)
 (e (b + d) b d)
 (D (0.5 * e * c) e c)
 (B (D - A) D A)
 (d (2 * A : c) A c)
 (e (b + d) b d)
 (C (0.5 * a * e) a e)
 (T (A + B + C) A B C))
```

Wünschenswert wäre allerdings eine Ausgabe der Lösungen, bei der
überflüssige Äste des Baumes abgeschnitten sind (vgl. Abb.7).
Aufgabe:
a) Definieren Sie eine Prozedur **loesungsbaum**(ziel x),
welche alle Lösungen als Werte von x liefert.
b) Ändern Sie das in a) gefundene Programm so ab, daß jede
Lösung in reduzierter Form ausgegeben wird.

Lösung a):
Wir orientieren uns an der Definition des Prädikates
loesbar(ziel) in 6.3.1. Um die zu **ziel** gehörende Lösung
zu erhalten, bestimmen wir einen Konnektor von **ziel** und fügen
ihn am Ende der Liste aller Konnektoren ein, die zu Lösungen der
Nachfolgerknoten gehören. Diese rekursive Lösungsidee wird von
einer Prozedur **baum**(ziel spur X) realsisiert, die ihrerseits
eine Hilfsprozedur **baum-liste**(neuziele spur Y) aufruft. Die
letztere erzeugt eine Liste Y aller Konnektoren, welche zu den

Lösungsbäumen der in **neuziele** enthaltenen Unterzielen
gehören. Das Prädikat **konnektor** übernehmen wir aus 6.3.1:

```
loesungsbaum(ziel X) if
     baum(ziel () X) and
     (ziel)vars

baum(ziel spur ()) if
     gegeben(ziel)
     (ziel spur)vars

baum(ziel spur X) if
     konnektor(ziel (ziel info¦neuziele)) and
     baum-liste(neuziele (ziel¦spur) Y) and
     APPEND(Y ((ziel info¦neuziele)) X)
     (ziel spur info neuziele)vars

baum-liste(() X ())

baum-liste((X¦Y) spur Z)) if
     baum(X spur x) and
     baum-liste(Y spur y) and
     APPEND(x y Z) and
     (spur)vars

konnektor(ziel spur (ziel info¦neuziele) if
     kon(ziel (ziel info¦neuziele)) and
     FREMD(spur neuziele) and
     (ziel spur info neuziele)vars
```

Lösung von b):
In die Definition von **loesungsbaum** fügen wir eine Prozedur
beschneide(Y X) ein, welche eine gefundene Lösung Y zu einer
reduzierten Lösung X beschneidet:

```
loesungsbaum(ziel X) if
     baum(ziel () Y) and
     beschneide(Y X) and
     (ziel)vars

beschneide(()())

beschneide((X¦Y)(X¦Z)) if
     del(X Y x) and
     beschneide(x Z)
```

```
del(X ()())

del((X¦Y) ((X¦Z)¦x) y) if
    del((X¦Y) x y)

del(X (Y¦Z) (Y¦x)) if
    not EQ(X Y) and
    del(X Z x)
```

Die Wirkungen von **beschneide(X Y)** und der Hilfsprozedur
del(X Y Z) mache man sich an folgenden Beispielen klar:
which(x: beschneide(((a f b)(b c a)(a h k)(b a c)) x) --->
((a f b)(b c a))
which(x: del (a ((b c a)(a h k)(b a c)) x) --->
((b c a)(b a c))

Mit Hilfe einer Prozedur **printloesung** kann man die Lösungen
in einer der jeweiligen Problemklasse angepaßten Form
ausdrucken. Für die Berechnungsaufgaben aus 6.2. ist die
folgende Prozedur geeignet:

```
printloesung(((ziel term¦neuziele)¦X)) if
    PP(ziel = term) and
    printloesung(X) and
    (ziel term neuziele)vars

printloesung(()) if PP
```

Beispielaufruf:
is((forall loesungsbaum(T x) then printloesung(x)))
d = (2 * A / c)
e = (b + d)
D = (e * c / 2)
B = (D - A)
C = (a * e / 2)
T = (A + B + C)
 *** usw. bis
B = (b * c / 2)
D = (B + A)
e = (2 * D / c)
T = ((a + c) * e / 2)
YES (insgesamt 10 Lösungen)

6.6. Geometrische Beweisaufgaben

6.6.1. Beschreibung der Aufgabenklasse

Als zweites Beispiel einer Problemklasse, deren Aufgaben durch
Zerlegen gelöst werden können, betrachten wir geometrische
Beweisaufgaben. Gesucht sei ein Computerprogramm, welches
Beweisaufgaben der folgenden Art löst:

a)

b)

```
Vor.:  AE=BE                Vor.:  CA=CB
       w(AEC)=w(BEC)               AD=BD
Beh.:  CAD=CBD             Beh.:  w(CDE)=w(CED)

Abb.8
```

Hier bedeutet AE=BE die Längengleichheit der beiden Strecken AE
und BE, wAEC=wBEC die Winkelmaßgleichheit der Winkel <AEC und
<BEC sowie CAD=CBD die Kongruenz der beiden Dreiecke CAD und
CBD. Der Beweis soll wiederum durch **Rückwärtsverketten**
geführt werden. Als Beispielaufgabe wählen wir Aufgabe a).
Folgende Sätze seien als Beweismittel zugelassen:

BASW: Wenn in einem Dreieck zwei Seiten gleich lang sind,
dann sind die gegenüberliegenden Winkel gleich groß.

U-BASW: Wenn in einem Dreieck zwei Winkel gleich groß
sind, dann sind die gegenüberliegenden Seiten gleich lang.

SSS: Zwei Dreiecke sind kongruent, wenn sie in den Längen
der drei Seiten übereinstimmen.

SWS: Zwei Dreiecke sind kongruent, wenn sie in den Längen
zweier Seiten und den Winkelmaßen der eingeschlossenen Winkel
übereinstimmen.

WSW: Zwei Dreiecke sind kongruent, wenn sie in der Länge
einer Seite und den Winkelmaßen der anliegenden Winkel
übereinstimmen.

DKS: Zwei Strecken sind gleich lang, wenn sie
korrespondierende Strecken zweier kongruenter Dreiecke sind.

DKW: Zwei Winkel sind gleich groß, wenn sie
korrespondierende Winkel zweier kongruenter Dreiecke sind.

6.6.2. Repräsentation der Aufgabe durch einen UND-ODER-Baum

Abb.9 zeigt eine (unvollständige) Repräsentation der
Beweisaufgabe durch einen UND-ODER-Baum. Der verstärkt
gezeichnete Teilbaum veranschaulicht eine Lösung der Aufgabe.
Die Knoten des UND-ODER-Baumes repräsentieren Aussagen der
Gestalt UV=XY, wUVW=wXYZ und UVW=XYZ. Nicht lösbare Knoten sind
durch einen Stern markiert, alle anderen Endknoten
repräsentieren Voraussetzungen der Aufgabe oder Identitäten der
Gestalt XY=XY.

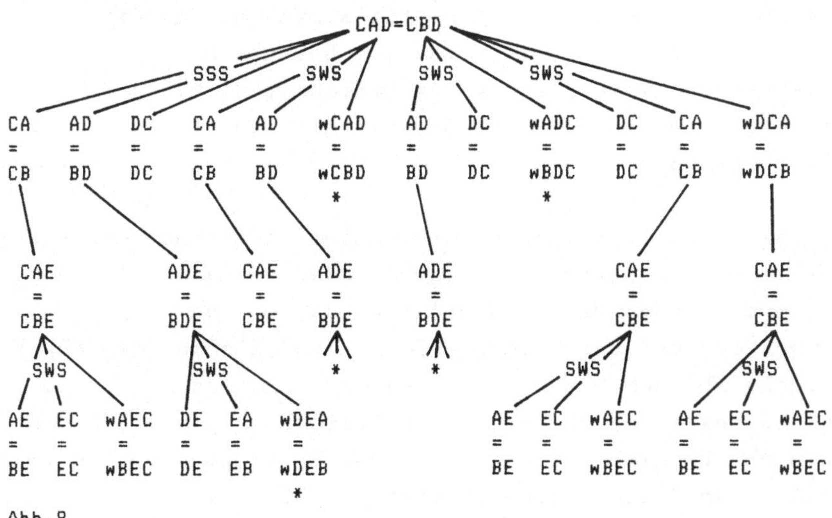

Abb.9

Im Gegensatz zu den Berechnungsaufgaben aus 6.2 enthalten hier
die (wiederum fortgelassenen) ODER-Knoten keine zusätzliche
Information. In den Informationsteil der Konnektoren schreiben
wir deshalb lediglich den Namen des angewendeten Satzes.
Beispiele für Konnektoren sind (in einer noch nicht endgültigen
Notation):
(CAD=CBD SSS CA=CB AD=BD DC=DC)
(AD=BD DKS ADE=BDE)
(wDCA=wDCB DKW CAE=CBD)

Der durch den Lösungsbaum repräsentierte Beweis lautet als
Sequenz von Beweiszeilen (Konnektoren):

CAE=CBE   folgt wegen SWS aus AE=BE, EC=EC und wAEC=wBEC
CA=CB   folgt wegen DKS aus CAE=CBE
wDCA=wDCB   folgt wegen DKW aus CAE=CBE
CAD=CBD   folgt wegen SWS aus DC=DC, CA=CB und wDCA=wDCB

Eine wesentliche **Beschneidung** des UND-ODER-Baumes wird
dadurch erreicht, daß Aussagen **identifiziert** werden, die
aufgrund der Symmetrie von "=" dasselbe besagen oder sich nur
durch verschiedene Namensgebung für Strecken, Winkel und
Dreiecke unterscheiden. Z.B. werden die Aussagen CA=CB und BC=CA
nicht unterschieden.

Beim Rückwärtsverketten kann die Situation entstehen, daß eines
der Unterziele eine **falsche** Aussage ist und deshalb nicht
bewiesen werden kann. Beispielsweise werden bei der
"Rückwärtsanwendung" des Satzes DKS auf eine Zielaussage AB=UV
zwei Dreiecke ABC und UVW gesucht, deren Kongruenz als neues
Unterziel zu beweisen ist. Falls die Dreiecke ABC und UVW nun
de facto nicht kongruent sind, würde das Programm unnötige Zeit
verschwenden, um diese (nicht beweisbare) Zielaussage zu
beweisen. Entsprechendes gilt für die Anwendung des Satzes DKW.

Bei Beschränkung der Aufgabenklasse auf achsen- und
punktsymmetrische Figuren vermeiden wir dieses Problem, indem
wir der Repräsentation der Aufgabe eine **Symmetriehypothese**
hinzufügen, die jedem der (endlich vielen) Punkte der Figur
einen Symmetriepartner zuordnet (vgl. 6.6.5.) Auf diese Weise
werden z.B. bei der Anwendung der Sätze DKS und DKW nur solche
Paare von Dreiecken berücksichtigt, die symmetrisch zueinander
liegen und deshalb kongruent zueinander sind. Man beachte, daß
diese Symmetriehypothese lediglich eine heuristische Maßnahme
zur Beschneidung des Problembaums darstellt, die Korrektheit des
Beweises wird dadurch in keiner Weise beeinflußt. Mit nicht
allzu großem Aufwand läßt sich auch eine Prozedur definieren,
welche die Symmetriehypothese aus den Voraussetzungen der
Aufgabe generiert.

6.6.3. Repräsentation der geometrischen Figur
Jede Beweisaufgabe der Aufgabenklasse bezieht sich auf eine
vorgegebene **geometrische Figur**, welche die **nicht-metrischen**
Voraussetzungen der Aufgabe repräsentiert. In unserem
PROLOG-Programm repräsentieren wir diese nicht-metrischen
Voraussetzungen durch Fakten zu einem einstelligen Prädikat
punktreihe(X), wo X eine Liste von wenigstens zwei Punkten
der Figur ist. Die Eigenschaft **punktreihe**(X) trifft auf eine
Liste X von Punkten genau dann zu, wenn die Punkte der Liste in
der gegebenen Anordnung die Punkte einer orientierten Geraden
sind. Eine Repräsentation der Figur unserer Beispielaufgabe
findet sich in Abb.10.

```
punktreihe ((C E D))
punktreihe ((A D B))
punktreihe ((A E))
punktreihe ((B E))
punktreihe ((A C))
punktreihe ((B C))
```

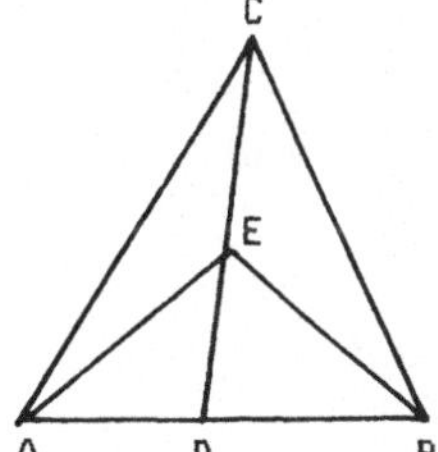

Abb.10

6.6.4. Strecken, Winkel und Dreiecke

Mit Hilfe des Prädikates **punktreihe** wollen wir als erstes
die beiden dreistelligen Prädikate **kollinear**(X Y Z) und
zwischen(X Y Z) definieren, die wir lediglich als
Prüfprädikate benötigen:

```
kollinear (X Y Z) if
     punktreihe (x) and
     TEILMENGE ((X Y Z) x)

zwischen (X Y Z) if
     punktreihe (x) and
     (either TEILLISTE ((X Y Z) x)
         or TEILLISTE ((Z Y X) x)
```

Beispielsweise erhalten wir:

is(kollinear (E C D)) ---> YES

is(kollinear (A B C)) ---> NO

is(zwischen (B D A)) ---> YES

is(zwischen (D A B)) ---> NO

Strecken, Winkel und Dreiecke repräsentieren wir als Listen mit
zwei bzw. drei Punkten. In unserer Beispielaufgabe repräsentiert
z.B. (E C) die Strecke mit den Endpunkten E und C, (A D C) den
Winkel mit dem Scheitel D und den Schenkeln DA und DC sowie
(A D C) das Dreieck mit den Eckpunkten A, D und C. Wie man
sieht, kann dieselbe dreielementige Liste sowohl einen Winkel
als auch ein Dreieck repräsentieren. Zu Mißverständnissen wird
das jedoch nicht führen. Die drei Prädikate **strecke**,
winkel und **dreieck** prüfen, ob eine Liste eine Strecke,
einen Winkel bzw. ein Dreieck repräsentiert:

```
strecke ((X Y)) if
     punktreihe (Z) and
     TEILMENGE ((X Y) Z) and
     not EQ(X Y)

winkel ((X Y Z)) if
     strecke ((Y X)) and
     strecke ((Y Z)) and
     not kollinear (X Y Z)
```

```
dreieck ((X Y Z)) if
     strecke ((X Y)) and
     strecke ((Y Z)) and
     strecke ((Z X)) and
     not kollinear (X Y Z)
```

Wir können diese Prädikate auch zur Generierung der unter den
jeweiligen Begriff fallenden Objekte verwenden. Beispielsweise
können wir alle Dreiecke generieren, welche die Strecke CA als
Seite haben:

all((C A X): dreieck ((C A X)) ---> (C A B), (C A D), (C A E)

Verschiedene Listen können dieselbe Strecke, denselben Winkel
bzw. dasselbe Dreieck repräsentieren. Z.B. repräsentieren (A B)
und (B A) dieselbe Strecke, (C A D), (D A C), (C A B) und
(B A C) denselben Winkel sowie (C A D), (A D C), (D C A),
(D A C), (A C D) und (C D A) dasselbe Dreieck.
Wir definieren deshalb drei Prädikate **s-id**, **dr-id** und
w-id, mit denen wir prüfen können, ob zwei Listen dieselbe
Strecke, dassselbe Dreieck bzw. denselben Winkel repräsentieren:

```
s-id((X Y) (X Y))

s-id((X Y) (Y X))

dr-id(X Y) if
     PERMUT(Y X)

w-id((X Y Z) (x y z)) if
     h-id((Y X)(Y x)) and
     h-id((Y Z)(Y y))

w-id((X Y Z)(x y z)) if
     h-id((Y X)(Y y)) and
     h-id((Y Z)(Y x))

h-id((X Y)(X Y))

h-id((X Y)(X Z)) if
     (either zwischen (X Y Z) or zwischen (X Z Y))
```

Zur Definition von w-id wird das Prädikat **h-id**(X Y) benutzt,
welches genau dann zutrifft, wenn die beiden (zweielementigen)
Listen X und Y dieselbe **Halbgerade** repräsentieren.

Anmerkung: Wir haben bisher nicht definiert, was Strecken,
Winkel bzw. Dreiecke **sind**. Das ist auch keineswegs
erforderlich. Wichtig ist lediglich, daß wir definiert haben,
wann zwei Listen dieselbe Strecke, denselben Winkel bzw.
dasselbe Dreieck repräsentieren.

6.6.5. Äquivalente Aussagen

Für die betrachtete Aufgabenklasse kommen Aussagen der folgenden
Gestalt vor:

```
AB=UV        Die Strecke AB hat dieselbe Länge wie die Strecke UV,
wABC=wUVW    Winkel <ABC hat dasselbe Winkelmaß wie <UVW,
ABC=UVW      Dreieck ABC ist kongruent zu Dreieck UVW.
```

Wir repräsentieren jede derartige Aussage wie folgt durch eine
Liste:

```
AB=UV:        (s-gl (A B) (U V))
wABC=wUVW:    (w-gl (A B C) (U V W))
ABC=UVW:      (dr-gl (A B C) (U V W)).
```

Man beachte, daß s-gl, w-gl und dr-gl keine **PROLOG**-Prädikate
sind.

Die schon oben (vgl. 6.6.1) erwähnte Identifikation von Aussagen
erfolgt mit Hilfe eines zweistelligen Prädikates **aequ**, das
mit Hilfe der Prädikate **s-id**, **w-id** und **dr-id** wie
folgt definiert ist:

```
aequ((s-gl X Y) (s-gl Z x)) if
     (either s-id(X Z) and s-id(Y x)
         or s-id(X x) and s-id(Y Z))

aequ((w-gl X Y) (w-gl Z x)) if
     (either w-id(X Z) and w-id(Y x)
         or w-id(X x) and w-id(Y Z))

aequ((dr-gl X Y) (dr-gl Z x)) if
     (either dr-id(X Z) and dr-id(Y x)
         or dr-id(X x) and dr-id(Y Z))
```

6.6.6. Voraussetzungen der Aufgabe und Symmetriehypothese

Das in 6.6.3. eingeführte Prädikat **punktreihe** repräsentiert
die **nicht-metrischen** Voraussetzungen der Aufgabe. Die
metrischen Voraussetzungen der jeweiligen Beweisaufgabe
fügen wir als Fakten des Prädikates **gegeben** der die Aufgabe
repräsentierenden Datenbasis hinzu:

```
gegeben((s-gl (A E) (E B)))
gegeben((w-gl (A E C) (B E C)))
```

Wenn man die Figur der Aufgabe unter Einbeziehung der metrischen
Voraussetzungen korrekt zeichnet, erkennt man, daß die Figur
eine **Achsensymmetrie** mit der Geraden CD als Symmetrieachse
besitzt. **Symmetriepartner** der Punkte A, B, C, D und E sind
die Punkte B, A, C, D bzw. E. Diese **Symmetriehypothese** fügen
wir als Fakten eines Prädikates **symp**(X Y) ebenfalls der
Datenbasis hinzu:

```
symp(A B)
symp(B A)
symp(C C)
symp(D D)
symp(E E)
```

Wie schon in 6.6.2 erörtert, können wir aufgrund dieser
Symmetriehypothese verhindern, daß das Programm die Kongruenz
zweier Dreiecke zu beweisen versucht, die offensichtlich nicht
kongruent zueinander sind. Mit Hilfe von **symp** definieren wir
ein Prädikat **sympartner**(X Y), mit dem wir zu einer Liste von
Punkten die Liste der Symmetriepartner erzeugen können, z.B.:
which(x: sympartner((A B D E) x)) ---> (B A D E)

```
sympartner(()())

sympartner((X¦Y)(Z¦x)) if
      symp(X Z) and
      sympartner(Y x)
```

6.6.7. Die zum Beweis benutzten Sätze

Die zum Lösen der Beweisaufgaben zugelassenen Sätze (vgl. 6.6.1)
repräsentieren wir als Fakten eines vierstelligen
PROLOG-Prädikates **satz**(name ziel konf neuziele).

```
satz(SSS (dr-gl (X Y Z)(x y z)) ()
    ((s-gl (X Y)(x y)) (s-gl (Y Z)(y z)) (s-gl (Z X)(z x))))

satz(SWS (dr-gl (X Y Z)(x y z)) ()
    ((s-gl (X Y)(x y)) (s-gl (Y Z)(y z)) (w-gl (X Y Z)(x y z))))

satz(SWS (dr-gl (X Y Z)(x y z)) ()
    ((s-gl (Y Z)(y z)) (s-gl (Z X)(z x)) (w-gl (Y Z X)(y z x))))

satz(SWS (dr-gl (X Y Z)(x y z)) ()
    ((s-gl (Z X)(z x)) (s-gl (X Y)(x y)) (w-gl (Z X Y)(z x y))))

satz(WSW (dr-gl (X Y Z)(x y z)) ()
    ((s-gl (X Y)(x y)) (w-gl (Z X Y)(z x y)) (w-gl (Z Y X)(z y x))))

satz(WSW (dr-gl (X Y Z)(x y z)) ()
    ((s-gl (Y Z)(y z)) (w-gl (X Y Z)(x y z)) (w-gl (Y X Z)(y x z))))

satz(WSW (dr-gl (X Y Z)(x y z)) ()
    ((s-gl (Z X)(z x)) (w-gl (Y Z X)(y z x)) (w-gl (X Z Y)(x z y))))

satz(DKS (s-gl (X Y) Z)
      ((drpaar (X Y x)(y z X1)) (s-id Z (y z)))
      ((dr-gl (X Y x)(y z X1))))

satz(DKW (w-gl X Y)
      ((w-gls X Z) (drpaar Z x)(w-id Y x))
      ((dr-gl Z x)))

satz(BASW (w-gl X Y)
      ((w-gls X (Z x y)) (w-id Y (Z y x)) (dreieck (Z x y)))
      ((s-gl (Z x)(Z y))))

satz(U-BASW (s-gl X Y)
      ((s-id X (ZZ x)) (s-id Y (Z y)) (dreieck (Z x y)))
      ((w-gl (Z x y)(Z y x))))
```

Das dritte Argument **konf** (für Konfiguration) in dem Prädikat
satz ist eine (gegebenenfalls leere) Liste von PROLOG-
Bedingungen, die in der Standardsyntax notiert sind, und die
erfüllt sein müssen, damit der Satz anwendbar ist.

- 225 -

Beispielsweise kommt das Prädikat **dr-paar**(X Y) in den Sätzen
DKS und DKW vor. Mit seiner Hilfe können wir Paare symmetrisch
zueinander liegender Dreiecke generieren:
all((C A X), (Y Z x): drpaar((C A X)(Y Z x)))
(C A D), (C B D)
(C A E), (C B E)

Wie die Definition zeigt, wird durch **dreieck(X)** ein Dreieck
generiert und anschließend zu X der Symmetriepartner Y:

```
    drpaar(X Y) if
          dreieck(X) and
          sympartner(X Y) and
          not dr-id(X Y)
```

Die in DKW und BASW benötigte Hilfsprozedur **w-gls**((X Y Z)(x y z))
erzeugt zu einem Winkel (X Y Z) alle Punktetripel (x y z), für
die w-id((X Y Z)(x y z)) gilt, und die denselben Umlaufsinn wie
das Tripel (X Y Z) haben, z.B.:
all(x: w-gls((E A D) x)) ---> (E A D), (E A B)

```
  w-gls((X Y Z)(x Y y)) if
        h-id((Y X)(Y x)) and
        h-id((Y Z)(Y y))
```

6.6.8. Konnektoren

Die Konnektoren werden durch "Anwendung" eines Satzes auf das
jeweilige Ziel gewonnen. Dieses leistet das PROLOG-Prädikat
kon(ziel (ziel name¦neuziele)):

```
  kon(ziel (ziel name¦neuziele)) if
        satz(name ziel konf neuziele) and
        EVAL(konf)
```

Hier ist **EVAL**((bed1 bed2 ..bedk)) ein Prädikat, mit dem man
eine Liste von PROLOG-Bedingungen, die in der Standard-Syntax
von micro-PROLOG notiert sind, evaluieren kann, z.B.:
is(EVAL(((SUM 3 4 x)(TIMES 12 x y)(PP y)))) ---> 84
Das Prädikat EVAL läßt sich nur in der Standardsyntax
definieren:

```
((EVAL () ()))

((EVAL (X¦Y))
    X
    (EVAL Y))
```

Man beachte, daß X in der zweiten Klausel für eine
PROLOG-Bedingung steht und deshalb als "Metavariable" fungiert.
Die Wirkung von **kon**(ziel X) mache sich der Leser an dem
folgenden Beispiel klar:

```
all(x: kon( (s-gl (C A)(C B)) x))
((s-gl (C A) (C B)) DKS (dr-gl (C A D)(C B D)))
((s-gl (C A) (C B)) DKS (dr-gl (C A E)(C B E)))
((s-gl (C A) (C B)) U-BASW (w-gl (C A B)(C B A)))
```

Nach erfolgreichem Match von **satz(name ziel konf neuziele)**
mit einer Klausel des Prädikates **satz** sind alle Variablen von
ziel durch Konstanten ersetzt, aber i.a. noch nicht alle
Variablen in der Liste **neuziele** (die Kongruenzssätze bilden
eine Ausnahme). Dieses ist vielmehr erst nach erfolgreicher
Anwendung von **EVAL** auf die Liste **konf** der Fall. Für den
obigen Beispielaufruf sehen wir uns diesen Prozeß genauer an:
Die Anfrage "all(x: kon((s-gl (C A)(C B)) x))" führt zum Aufruf
von **satz**(name (s-gl (C A)(C B)) konf neuziele), der einen
ersten Match mit der Klause

```
satz(DKS (s-gl (X Y) Z)
        ((drpaar (X Y x)(y z X1))(s-id Z (y z)))
        ((dr-gl (X Y x)(y z X1))))
```

zur Folge hat und zu den Ersetzungen C/X und A/Y führt. Der
sich anschließend Aufruf von **EVAL**(((drpaar (C A x)(y z X1))
(s-id Z (y z))))" führt dann zum Aufruf der Bedingungen
drpaar((C A x)(y z X1)) und s-id(Z (y z)). Die erstere führt
zu den Ersetzungen D/x, C/y, B/z und D/X1, die letztere zu der
Ersetzung (C B)/Z. Entsprechend werden die anderen Lösungen
gefunden.

6.7. Suchverfahren für Beweisaufgaben

6.7.1. Tiefensuche

Das in 6.3.2 besprochene Tiefensuchverfahren können wir mit
geringfügigen Änderungen und Ergänzungen auch zur Lösung der
Beweisaufgaben aus 6.6 verwenden. Eine Revision ist notwendig,
weil wir zur Beschneidung des Baumes zwei Aussagen X und Y, für
die aequ(X Y) zutrifft, identifiziert haben. An einigen
Stellen des Programms müssen wir daher EQ(X Y) durch
aequ(X Y) ersetzen. Beispielsweise müssen wir das Prädikat
FREMD(X Y) in der Definition von konnektor, welches die
Mengen X und Y auf Elementefremdheit prüft, durch ein Prädikat
fremd(X Y) ersetzen, das genau dann auf X und Y zutrifft,
wenn keine Aussage der Menge X zu einer Aussage der Menge Y
aequivalent ist. Entsprechende Änderungen betreffen das Prädikat
geloest. Hier müssen wir auch eine Klause hinzufügen, welche
berücksichtigt, daß Aussagen der Gestalt (s-gl X X) als geloest
gelten. Für das abgeänderte Programm erhalten wir:

```
fremd(X Y) if
      (forall ON(Z X) and ON(x Y) then not aequ(Z x))

geloest(X) if
      gegeben(Y) and
      aequ(X Y)

geloest(X) if
      DEF(gel) and
      gel(Y) and
      aequ(X Y)

geloest((s-gl X X))

konnektor(ziel spur (ziel name¦neuziele)) if
      kon((ziel (ziel name¦neuziele)) and
      fremd(spur neuziele) and
      (ziel spur name neuziele)vars

loesbar(ziel) if
      KILL(gel) and
      loesb(ziel ()) and
      (ziel) vars
```

```
loesb(ziel spur) if
     geloest(ziel) and
     PP(ziel geloest) and
     (ziel spur)vars

loesb(ziel spur) if
     konnektor(ziel spur (ziel name¦neuziele))
     PP(ziel wegen namen loesbar aus neuziele ?) and
     (forall ON(X neuziele) then loesb(X (ziel¦spur))) and
     PP(*** ziel folgt wegen name aus neuziele) and
     ADDCL(((gel ziel))) and
     (ziel spur name neuziele)vars
```

Anmerkung: In der zweiten Klause von **loesb** haben wir die
Bedingung "(gel(ziel))add" durch "ADDCL(((gel ziel)))"
ersetzt. Auf diese Weise wird die Klause "gel(ziel)" der
Datenbasis in der **Standardsyntax** hinzugefügt. Infolgedessen
ist das Programm nicht nur in der Programmierumgebung
SIMPLE, sondern auch in der Speicherplatz sparenden
Programmierumgebung **MICRO** lauffähig.

Die Anwendung auf unsere Beispielaufgabe liefert das folgende,
nur sehr verkürzt wiedergegebene Lösungsprotokoll, in dem wir
der besseren Lesbarkeit wegen die interne Repräsentation der
Aussagen durch die übliche Schreibweise ersetzt haben (z.B.:
(s-gl (A D) (B D)) durch AD=BD). Man vergleiche das Protokoll
mit dem Baum in Abb.9.

```
is(loesbar (dr-gl (C A D)(C B D)))
CAD=CBD wegen SSS loesbar aus CA=CB, AD=BD, DC=DC ?
CA=CB    wegen DKS loesbar aus CAE=CBE ?
CAE=CBE wegen SWS loesbar aus AE=BE, EC=EC, wAEC=wBEC ?
AE=BE geloest
EC=EC geloest
wAEC=wBEC geloest
*** CAE=CBE folgt wegen SWS aus AE=BE, EC=EC, wAEC=wBEC
*** CA=CB folgt wegen DKS aus CAE=CBE
```

AD=BD wegen DKS loesbar aus ADE=BDE ?

--- viele weitere, in Sackgassen führende Versuche ---

CAD=CBD wegen SWS loesbar aus DC=DC, CA=CB, wDCA=wDCB ?
DC=DC geloest
CA=CB geloest
wDCA=wDCB wegen DKW loesbar aus ECA=ECB ?
ECA=ECB geloest
*** wDCA=wDCB folgt wegen DKW aus ECA=ECB
*** CAD=CBD folgt wegen SWS aus DC=DC, CA=CB, wDCA=wDCB

6.7.2. Vermeidung von Sackgassen

Unser Programm aus 6.7.1 vermeidet es nicht, einen Weg, der sich
bereits als "Sackgasse" erwiesen hat, noch einmal zu
beschreiten. Mit Hilfe des Baumes in Abb.9 mache man sich klar:
Beim Versuch, die Zielaussage CAD=CBD mit Hilfe von SSS zu
beweisen, erweist sich die Aussage wDEA=wDEB bezüglich ihrer
Spur (ADE=BDE AD=BD CAD=CBD) als nicht lösbar. Den aus Ziel und
Spur bestehenden Weg (wDEA=wDEB ADE=BDE AD=BD CAD=CBD) nennen
wir deshalb eine **Sackgasse**. Es erfolgt nun ein Rücksprung zu
dem Elter-Ziel ADE=BDE. Da dieses aber nicht alternativ lösbar
ist, ist auch (ADE=BDE AD=BD CAD=CBD) eine Sackgasse. Nach dem
Rücksprung zu AD=BD erweist sich schließlich auch der Weg
(AD=BD CAD=CBD) als Sackgasse. Nun wird versucht, die Behauptung
CAD=CBD (auf verschiedene Weisen) mit Hilfe von SWS zu beweisen.
Zweimal wird dazu erneut versucht, den Weg (AD=BD CAD=DBD)
fortzusetzen, obwohl er sich bereits als Sackgasse erwiesen hat.

Aufgabe:

Ändern Sie das Programm aus 6.7.1 so ab, daß ein Weg, der sich
bereits als Sackgasse erwiesen hat, nicht noch einmal verfolgt
wird.

Lösung:

Wir sorgen einerseits dafür, daß ein Weg (ziel¦spur) als
Faktum eines Prädikates **sackg** in der Datenbasis gespeichert
wird, sobald er sich als Sackgasse erweist. Andererseits stellen
wir vor der Weiterentwicklung eines neuen aktuellen Ziels
sicher, daß (ziel¦spur) keine "alte" Sackgasse ist. Um
beides zu erreichen, ändern wir die zweite Klause von **loesb**
wie folgt ab:

```
loesb(ziel spur) if
     (either not alte-sackgasse((ziel¦spur)) and /
       or PP(alte Sackgasse !) and FAIL)  and
     (either konnektor(ziel spur (ziel name¦neuziele))
       or neue-sackgasse((ziel¦spur)) and FAIL) and
     PP(ziel wegen namen loesbar aus neuziele ?) and
     (forall ON(X neuziele) then loesb(X (ziel¦spur))) and
     PP(*** ziel folgt wegen name aus neuziele) and
     ADDCL(((gel ziel))) and
     (ziel spur name neuziele)vars

alte-sackgasse(X) if
     DEF(sackg) and
     sackg(X)

neue-sackgasse(X) if
     PP(Sackgasse!) and
     ADDCL( ((sackg X)))
```

Das Systemprädikat **FAIL** in den beiden **either-or**-Bedingungen
wird immer als **falsch** evaluiert. In der ersten either-or-
Bedingung ermöglicht FAIL den Ausdruck der Meldung "alte
Sackgasse", falls der either-Zweig nicht erfüllbar ist, weil
eine alte Sackgasse vorliegt. In der zweiten either-or-Bedingung
ermöglicht FAIL die Speicherung der Sackgasse (ziel¦spur),
falls der either-Zweig nicht erfüllbar ist, weil kein Konnektor
zu ziel gefunden wird.

Der Aufruf **is(loesbar ((dr-gl (C A D) (C B D))))** liefert (mit
geringfügig abgeänderten Druckanweisungen) das folgende
Lösungsprotokoll:

```
Ziel : (dr-gl (C A D) (C B D))
Neuziele : ((s-gl (C A) (C B)) (s-gl (A D) (B D)) (s-gl (D C) (D C)))

Ziel : (s-gl (C A) (C B))
Neuziele : ((dr-gl (C A E) (C B E)))

Ziel : (dr-gl (C A E) (C B E))
Neuziele : ((s-gl (A E) (B E)) (s-gl (E C) (E C)) (w-gl (A E C) (B E C)))
(s-gl (A E) (B E)) geloest
(s-gl (E C) (E C)) geloest
(w-gl (A E C) (B E C)) geloest
*** (dr-gl (C A E) (C B E)) folgt wegen SWS aus
((s-gl (A E) (B E)) (s-gl (E C) (E C)) (w-gl (A E C) (B E C)))
*** (s-gl (C A) (C B)) folgt wegen DKS aus
((dr-gl (C A E) (C B E)))

Ziel : (s-gl (A D) (B D))
Neuziele : ((dr-gl (A D E) (B D E)))

Ziel : (dr-gl (A D E) (B D E))
Neuziele : ((s-gl (D E) (D E)) (s-gl (E A) (E B)) (w-gl (D E A) (D E B)))
(s-gl (D E) (D E)) geloest
(s-gl (E A) (E B)) geloest
Sackgasse !

Ziel : (dr-gl (A D E) (B D E))
Neuziele : ((s-gl (D E) (D E)) (w-gl (A D E) (B D E)) (w-gl (D A E) (D B E)))
(s-gl (D E) (D E)) geloest
Sackgasse !

Ziel : (dr-gl (A D E) (B D E))
Neuziele : ((s-gl (E A) (E B)) (w-gl (D E B) (D E B)) (w-gl (E D A) (E D B)))
(s-gl (E A) (E B)) geloest
(w-gl (D E B) (D E B)) geloest
Sackgasse !
Sackgasse !
Sackgasse !

Ziel : (dr-gl (C A D) (C B D))
Neuziele : ((s-gl (C A) (C B)) (s-gl (A D) (B D)) (w-gl (C A D) (C B D)))
(s-gl (C A) (C B)) geloest
alte Sackgasse !

Ziel : (dr-gl (C A D) (C B D))
Neuziele : ((s-gl (A D) (B D)) (s-gl (D C) (D C)) (w-gl (A D C) (B D C)))
alte Sackgasse !

Ziel : (dr-gl (C A D) (C B D))
Neuziele : ((s-gl (D C) (D C)) (s-gl (C A) (C B)) (w-gl (D C A) (D C B)))
(s-gl (D C) (D C)) geloest
(s-gl (C A) (C B)) geloest

Ziel : (w-gl (D C A) (D C B))
Neuziele : ((dr-gl (E C A) (E C B)))
(dr-gl (E C A) (E C B)) geloest
*** (w-gl (D C A) (D C B)) folgt wegen DKW aus
((dr-gl (E C A) (E C B)))
*** (dr-gl (C A D) (C B D)) folgt wegen SWS aus
((s-gl (D C) (D C)) (s-gl (C A) (C B)) (w-gl (D C A) (D C B)))
&.
```

Literatur

Prolog und logisches Programmieren

Clark,K.L./McCabe,F.G.: micro-PROLOG: Programming in Logic,
        Prentice/Hall 1984.

Clocksin,W.F./Mellish,C.C.: Programming in Prolog,
        Springer 1981.

Ennals,J.R.: Beginning micro-PROLOG, Ellis Horwood,
        Chichester 1982.

Kowalski,R.: Logic for Problem Solving,
        Elsevier, North-Holland 1979.

Lloyd,J.W.: Foundations of Logic Programming,
        Springer 1984

McCabe,F.G./Clark,K.L./Steel,B.D: micro-PROLOG 3.1,
        Programmers Reference Manual, Logic Programming
        Associates Ltd, London 1984.

Künstliche Intelligenz

Barr,A./Cohen,P.R./Feigenbaum,E.A.: The Handbook of
        Artificial Intelligence, Vol I,II u. III,
        William Kaufmann, Los Altos 1981, 1982.

Bundy,A.: Artificial Intelligence, University Press 1980.

Bundy,A.: The Computer Modelling of Mathematical Reasoning,
        Academic Press 1983.

Habel,Ch.(Hrsg.): Künstliche Intelligenz,
        Informatik-Fachberichte 93, Springer 1985.

Nilsson, N.J.: Principles of Artificial Intelligence,
        Springer 1982.

Siekmann,H.J.(Hrsg.): Künstliche Intelligenz,
        Informatik-Fachberichte 59, Springer 1982.

Winston,H.P.: Artificial Intelligence, Addison-Wesley 1984.

ANHANG

1.Programmierumgebung

A> PROLOG LOAD SIMPLE	Laden von PROLOG-SIMPLE
QT.	Übergang in das Betriebssystem
save <file-name>	Abspeichern eines Files
load <file-name>	Einladen eines Files
ERA <file-name>	Löschen eines Files
Ctrl-C	stoppt Programmablauf
Ctrl-S	unterbricht Programm (Forts. Leertaste)

Programmeingabe

add (<klause>)	Eingabe einer Klause (Programmende)
add n (<klause>)	Eingabe an n-ter Stelle
accept <prädikat>	Eingabe von Fakten
list <prädikat>	Listing aller Klausen zu <prädikat>
LIST <prädikat>	Listing in der Standardsyntax
list all	Listing aller Prädikate
LIST ALL	Listing in der Standardsyntax
kill <prädikat>	Löschen aller Sätze der Relation
kill all	Arbeitsspeicher wird gelöscht
kill <modul-name>	Löschen eines Moduls
delete (<klause>)	Löschen eines Satzes
delete <prädikat> n	Löschen des n-ten Satzes

Programm-Trace

is-trace (<bedingung>)	Trace für isFragen (Vor: Modul simtrace ist geladen)
all-trace (term:<bedingung>)	Trace für all-Fragen

2.System-Prädikate

Prädikat gegeben	Wirkung	wenigstens
SUM (x y z)	x + y = z	zwei
TIMES (x y z)	x * y = z	zwei
LESS (x y)	x < y	x,y
INT (x y)	y = Ganzzahl (x)	x
ON (x y)	x gehoert Liste y an	y
APPEND (x y z)	x verkettet mit y ergibt z	x, y oder z
LESS (x y)	Wort x vor Wort y	x,y
STRINGOF (x y)	Liste x <--> Wort y	x oder y
CHAROF (x y)	y ist ASCII-Code von x	x oder y
EQ (x y)	x = y	
NUM (x)	ist x Zahl?	
INT (x)	ist x Ganzzahl?	
CON (x)	ist x Konstante?	
VAR (x)	ist x Variable?	
LST (x)	ist x Liste?	
DEF (x)	ist x definierte Relation?	
PP (t1 t2..tk)	Ausdruck der Terme (stets wahr)	
P (t1 t2..tk)	(fast) dasselbe wie PP, aber ohne Zeilenvorschub	
FAIL	stets falsch	

3. Zeileneditor

Aufruf

edit <relation-name> n	---> Zeilen-Editor
cedit <relation-name> n	wie edit, ursp. Fassung bleibt erhalten

Befehl	**Wirkung**
Esc	Schreibmodus ---> Edit-Modus
<--	Cursor eine Position nach links
Leertaste	Cursor eine Position nach rechts
p	Cursor 80 Zeilen nach links
n	Cursor 80 Zeilen nach rechts
d	Zeichen unter Cursor wird gelöscht
c <char>	Zeichen unter Cursor wird durch <char> ersetzt
l	Listen der Zeile, Cursor am Zeilenanfang
i	---> Schreibmodus, Einfuegen von Text
x	Cursor an Zeilenende, ---> Schreibmodus
z	Text rechts vom Cursor wird gelöscht, ---> Schreibmodus
return	Beendigung des Editierens

Stichwortverzeichnis

Teubner Studienbücher

Informatik

Berstel: **Transductions and Context-Free Languages**
278 Seiten. DM 42,– (LAMM)

Beth: **Verfahren der schnellen Fourier-Transformation**
316 Seiten. DM 36,– (LAMM)

Bolch/Akyildiz: **Analyse von Rechensystemen**
Analytische Methoden zur Leistungsbewertung und Leistungsvorhersage
269 Seiten. DM 29,80

Dal Cin: **Fehlertolerante Systeme**
206 Seiten. DM 25,80 (LAMM)

Ehrig et al.: **Universal Theory of Automata**
A Categorical Approach. 240 Seiten. DM 27,80

Giloi: **Principles of Continuous System Simulation**
Analog, Digital and Hybrid Simulation in a Computer Science Perspective
172 Seiten. DM 27,80 (LAMM)

Kupka/Wilsing: **Dialogsprachen**
168 Seiten. DM 22,80 (LAMM)

Maurer: **Datenstrukturen und Programmierverfahren**
222 Seiten. DM 28,80 (LAMM)

Oberschelp/Wille: **Mathematischer Einführungskurs für Informatiker**
Diskrete Strukturen. 236 Seiten. DM 24,80 (LAMM)

Paul: **Komplexitätstheorie**
247 Seiten. DM 27,80 (LAMM)

Richter: **Logikkalküle**
232 Seiten. DM 25,80 (LAMM)

Schlageter/Stucky: **Datenbanksysteme: Konzepte und Modelle**
2. Aufl. 368 Seiten. DM 36,– (LAMM)

Schnorr: **Rekursive Funktionen und ihre Komplexität**
191 Seiten. DM 25,80 (LAMM)

Spaniol: **Arithmetik in Rechenanlagen**
Logik und Entwurf. 208 Seiten. DM 25,80 (LAMM)

Vollmar: **Algorithmen in Zellularautomaten**
Eine Einführung. 192 Seiten. DM 25,80 (LAMM)

Weck: **Prinzipien und Realisierung von Betriebssystemen**
2. Aufl. 299 Seiten. DM 34,– (LAMM)

Wirth: **Compilerbau**
Eine Einführung. 3. Aufl. 117 Seiten. DM 18,80 (LAMM)

Wirth: **Systematisches Programmieren**
Eine Einführung. 5. Aufl. 160 Seiten. DM 25,80 (LAMM)

Preisänderungen vorbehalten

MikroComputer–Praxis

Die Teubner Buch- und Diskettenreihe für
Schule, Ausbildung, Beruf, Freizeit, Hobby

Fortsetzung

Lehmann: **Fallstudien mit dem Computer**
Markow-Ketten und weitere Beispiele aus der Linearen Algebra
und Wahrscheinlichkeitsrechnung
256 Seiten. DM 24,80

Lehmann: **Lineare Algebra mit dem Computer**
285 Seiten. DM 23,80

Lehmann: **Projektarbeit im Informatikunterricht**
Entwicklung von Softwarepaketen und Realisierung in PASCAL
236 Seiten. DM 24,80

Löthe/Quehl: **Systematisches Arbeiten mit BASIC**
2. Aufl. 188 Seiten. DM 21,80

Lorbeer/Werner: **Wie funktionieren Roboter**
144 Seiten. DM 24,80

Mehl/Stolz: **Erste Anwendungen mit dem IBM-PC**
284 Seiten. DM 26,80

Menzel: **BASIC in 100 Beispielen**
4. Aufl. 244 Seiten. DM 24,80

Menzel: **Dateiverarbeitung mit BASIC**
237 Seiten. DM 28.80

Menzel: **LOGO in 100 Beispielen**
234 Seiten. DM 23,80

Mittelbach: **Simulationen in BASIC**
182 Seiten. DM 23,80

Nievergelt/Ventura: **Die Gestaltung interaktiver Programme**
124 Seiten. DM 23,80

Ottmann/Schrapp/Widmayer: **PASCAL in 100 Beispielen**
258 Seiten. DM 24,80

Otto: **Analysis mit dem Computer**
239 Seiten. DM 23,80

v. Puttkamer/Rissberger: **Informatik für technische Berufe**
Ein Lehr- und Arbeitsbuch zur programmierbaren Mikroelektronik
284 Seiten. DM 23,80

Weber: **PASCAL in Übungsaufgaben**
Fragen, Fallen, Fehlerquellen
152 Seiten. ca. DM 23,80

Preisänderungen vorbehalten